Die Unendlichkeit der Welt,

nach ihrem Sinn und nach ihrer Bedeutung für die Menschheit.

Gedanken zum Angebinde des dreihundertjährigen Gedächtnisses des Martyriums **Giordano Bruno's** für die Lehre von der Unendlichkeit der Welt.

Von

Max Schneidewin.

Berlin.

Druck und Verlag von Georg Reimer.

1900.

Troels-Lund

gewidmet.

Erstes Kapitel.

Das Buch von Troels-Lund „Himmelsbild und Weltanschauung im Wandel der Zeiten" (Leipzig, B. G. Teubner, 1899), eins der merkwürdigsten, das mir je zu Gesicht gekommen, führt mich plötzlich ungeahnter Weise auf einen Punkt zurück, von dem aus ich einst, vor 32 Jahren, in das litterarische Leben eingetreten bin und von dem aus ich in diesem — den ersten Schlag in's Wasser gethan habe. Damals — im Jahre 1868 — konnte ich es nicht mehr ertragen, als ein jetzt fast vergessener Pastor Knak sich ganz gelegentlich in einer kirchlichen Versammlung zu dem Glauben an die Stellung der Erde im Mittelpunkt der Welt und die Bewegung von Sonne, Mond und Sternen um die Erde bekannt hatte, und nun ein in meinen Augen ganz ungeheurer und für den tiefsten Untergrund aller menschlichen Gesinnung und Lebensansicht ganz entscheidender Punkt in dem einen Teil der Presse ohne Ahnung von seiner Bedeutung mit Witzen gegen den „Sonnenschieber" umgaukelt, in dem anderen Teil mit verlegenen Ausflüchten umganzen wurde. Ich schrieb eine kleine Schrift von 42 Seiten, die (zunächst anonym, später von mir anerkannt) in dem Verlage von C. Förster, Leipzig-Reudnitz erschien, des Titels: „Die kopernikanische Wahrheit und das christliche Dogma", in deren Eingange ich den Satz aufstellte: Der wahre, umfassende Inhalt der jetzt in der Presse so vielfach, ohne Gefühl für ihre unvergleichliche Bedeutung, aufgerührten Frage ist der: „Muß unser Urteil über die religiösen Vorstellungen, welche aus Zeiten vorkopernikanischer Weltanschauung stammen, mit den wissenschaftlich feststehenden, unendlich viel großartigeren Erkenntnissen des physischen Weltalls, welche sich auf die kopernikanische Lehre gründen, dieselbe erweitern und vollenden, Modifikationen erleiden, und welche?" Die kleine Schrift bejahte nicht ohne ein gewisses jugendliches Feuer diese Frage auf's entschiedenste. Ihr Hauptergebnis war kurz etwa dahin zusammenzufassen: daß die exklusive Stellung der Menschheit im Herzen Gottes, welche den alten religiösen Vorstellungen, insbesondere auch den christlichen, eigen, überhaupt auch die in der Philosophie so vielfach übliche Kontraposition von Gottheit und Menschheit seit der allgemeinen Anerkennung des kopernikanischen Weltsystems nicht mehr haltbar sei, weil in Verfolg der weiteren Konsequenzen desselben die Wahrscheinlichkeit als sehr groß dasteht, daß es im Weltall ganz unbestimmbar viele Gemeinschaften vernünftiger Geschöpfe, also „Menschheiten" auf den Planeten, von denen wahrscheinlich die Millionen Sonnen umkreist werden, geben wird. Das Besondere in der Art, wie dieses Resultat vorgetragen wurde, war aber, daß von einer im Grunde doch nur von außen herkommenden Erschütterung des alten Gebäudes nicht mit Jubel, sondern mit Wehmut und Schmerz, mit Ueberwindung innerlicher Anhänglichkeit um der Wahrhaftigkeit, um des nicht wegzuschaffenden Gewichtes einer äußern Instanz willen, geredet wurde. Man ist diese Teilung der Gefühle für das „Daß" und das „Was", die auch meine spätere Schrift „Eine kritische Musterung unseres religiösen Horizonts" (Berlin, Fr. Stahn, 1891) völlig durchdringt, so gar nicht gewohnt: man ist für die thatsächliche Wahrheit, auch wenn sie von gewissen Seiten her zu der Klasse des „traurig Wahren" (Schiller) gehört, so eingenommen, daß man das in gewissem Sinne doch höhere Alte, welches dadurch zerstört wird, mit Jubel in den Abgrund sinken sieht; und der innerste Grund davon ist eigentlich der, daß man aus Abneigung gegen das Alte, also vom Willen, nicht vom Intellekt her, die rein theoretischen Gründe hersucht, während in dem gedachten Schriftchen das Theoretische sich wider Willen doch eben dem Wahrheitsgefühl aufgedrängt hatte.

Die Wirkung meiner Erstlingsschrift war gleich Null, so sehr ich mir auch ihrer Bedeutung bewußt war, ich meine ihrer rein in der Sache liegenden, die für sich selber sprach. Ich hatte ihr sogar zuerst den Nebentitel geben wollen: „Von Klingebeutel“ — von wo im Juni 1866 das erste nichtssagende Geplänkel zwischen Preußen und Oesterreichern infolge einer ersten Grenzüberschreitung gemeldet war — „nach Königgrätz“, um den ungeheuren Unterschied ihrer Sachbehandlung von dem den Kern der Sache nicht entfernt berührenden Hin- und Her-Redereien der Zeitungen zu kennzeichnen; denn die Ereignisse von 1866 beherrschten bis 1870 die Gedanken der Menschen; aber die Klingebeutelsche Nachricht war doch gewiß längst vergessen. Eine lange pompöse Goethesche Strophe schmückte statt dessen das Titelblatt als Motto, übrigens eine Strophe von mehr mystisch tiefem, als wegweisend klarem Sinne. Aber, wie gesagt, die Schrift ging, wie die meisten kleinen Schriften, im Strudel der sich immer neu gebärenden Produktion verloren. Herr Hengstenberg, der damalige Papst der evangelischen Rechtgläubigkeit, tröstete in der Evangelischen Kirchenzeitung freundlich von oben herab „den Philosophen von Reudnitz“ mit Stellen der Heiligen Schrift, die auch außer der Menschheit Engel, Fürstentümer und Gewalten kennen, — als ob solche Gebilde frommen Glaubens indentisch wären mit den planetarischen Menschheiten, auf welche die rationelle Folgerung aus der Naturerkenntnis mit Wahrscheinlichkeit hingeführt und an die sich die weiteren, für das Alte erschütternden Folgerungen angeschlossen hatten. Ein Anonymus „B. Brg.“ in dem liberalen Theolog. Litteraturblatt vom 7. Mai 1869 schloß eine wohlwollende Besprechung mit dem Satze: daß die Schrift so ausgezeichnete scharfsinnige Erörterungen und unbestreitbare Wahrheiten enthalte, daß sie als ein sehr wertvoller Beitrag zur religiösen Orientierung in der Gegenwart empfohlen werden müsse. Natürlich reichte das, ohne Schuld des Rezensenten, aus, um — die Leser über das Dasein des Schriftchens und ein etwaiges Mitsprechenkönnen über dasselbe zu beruhigen. Es selber wurde weiter nicht beachtet. Ebenso wenig habe ich im allgemeinen Spuren der Einwirkung davon bemerkt, daß ich auch in anderen Schriften bei passender Gelegenheit immer wieder auf den Punkt zurückkam: z. B. in „Eine kritische Musterung ..“, S. 31 f., in „Off. Brief an E. v. Hartmann“ (Leipzig, Friedrich 1892), S. 86—90.

Jetzt aber ist durch das eingangs genannte Buch von Troels-Lund nach dreißig Jahren die Sache in ein ganz anderes Stadium getreten. Daß dieses Buch übersehen würde, daß es nicht bald in die Entfaltung einer mächtigen Wirkung eintreten sollte, scheint mir fast unmöglich. Giebt es doch zunächst in großen Zügen einen Ueberblick der gesamten Kulturgeschichte, allerdings nur von Einer Seite her, aber von einer Seite, die mit der größten Virtuosität und umfassenden Spezialstudien beherrscht wird und von deren höchst originell so sehr hervorgehobenen Wichtigkeit man den überwältigendsten Eindruck davon trägt. Führt doch z. B. der dritte Abschnitt (S. 21—31) zu dem Schlußresultat, daß die Astrologie „durch Jahrtausende auf der ganzen Erde aller Aufmerksamkeit gefesselt und als die höchste menschliche Kunst gegolten hat", und findet sich doch S. 37, wiederum als Ergebnis der vorangegangenen kulturgeschichtlichen Belehrungen, und nicht willkürlich hingeworfen, das Urteil: „Mit der Sterndeutung war ein neuer und großer Abschnitt in der Entwicklung der Menschheit eingeleitet, der vorletzte, den wir kennen." Nun aber erfreut sich alles Geschichtliche und Kulturgeschichtliche einer solchen Bevorzugung bei dem Zeitgeiste, daß schon aus diesem Grunde das Buch von Troels-Lund sehr viele Leser finden wird. Es kommt hinzu, daß sich das Buch — ich beziehe mich immer auf die vorliegende autorisierte Uebersetzung von Leo Bloch — durch eine glänzende stilistische Darstellung auszeichnet, die allein für sich viele Leser, die einmal einen Blick hineingethan haben, fesseln wird. Es ist mit außerordentlicher Frische geschrieben und schillert in einer Fülle zum Teil origineller, bildlicher Ausdrucksweise, die einen bestrickenden Reiz ausübt, manchmal allerdings in das Gesuchte ausartet und in Erzwungenheit Hand und Fuß verliert*).

Nun kann aber niemand mit Aufmerksamkeit und Verständnis

*) Das sprachlich Auffallendste in dem Buche ist der unzähligemale wiederholte Ausdruck „Gedankengang" für Meinungen und Anschauungen, die sich kulturgeschichtlich bei den Völkern feststellen lassen. Sehr oft liegt da gar kein stufenweiser Fortschritt von Gedankenmomenten vor, die sich doch in eine Einheit zusammenfassen, sondern nur eine in sich feste, ihre etwaigen Elemente als gleichzeitige neben einander ordnende Anschauung.

das Troelssche Buch durchlesen, ohne über alles im einzelnen kulturgeschichtlich Interessante hinweg der eigentlichen Haupttendenz des Buches als des unvergleichlich Wichtigsten an ihm innezuwerden. Diese Haupttendenz nun bricht mit Einem Male, nachdem man schon ein vorahnendes Gefühl von ihr gewonnen hat, mit voller Klarheit hindurch auf der großen Seite 254, die einen Eindruck macht, dem ich keine geistige Ueberraschung an die Seite zu setzen wüßte. Es heißt dort, nachdem gesagt ist, die Welt sei, auch noch Kopernikus und Kepler, wie in eine Schale eingeschlossen erschienen,: „Ungeduldig trippelte der Menschengeist als Vöglein im Ei. Es mußte etwas außerhalb der Schale geben. Drinnen war es eng und abgeschlossen, es ließ sich nicht atmen. Sich allein überlassen, konnte sich Kopernikus' Lehre jedoch nicht den Weg hinaus bahnen, sie trippelte immer nur im Kreise herum."

„Da ertönte auf einmal ein seltsamer Laut. Voll neuer Triebe pickte der Menschengeist plötzlich mit dem Schnabel an die Weltschale. Sie gab nach und sprang. Und hinaus stürzte der Gefangene, verwirrt, begeistert, neugeboren in die große wunderbare Welt, wo alles fremd, eisig fremd war."

„Wer war der Befreier des Menschengeistes? Wer sprengte das Weltenei? Der zuerst den Gedanken aussprach, daß der Fixsternhimmel, die achte Sphäre, nicht die Grenze der Welt bildete. Es gab überhaupt gar keine Wölbung, gar keinen Fixsternhimmel, denn das alles war nur Raum und Kugeln, Raum und wieder Kugeln; denn die Welt ist nicht endlich, sondern unendlich."

Gleich darauf giebt der Verfasser zu verstehen, daß Giordano Bruno durch seine Lehre von der Unendlichkeit der Welt jener Befreier des Menschengeistes war.

So finde ich mit Einem Male den Punkt, den ich vor dreißig Jahren für den eigentlich kritischen für das christliche Dogma erklärt hatte, nun sogar von einer mir bisher unbekannten, aber als höchst achtungswert sich einführenden Geisteskraft sogar zum entscheidenden Wendepunkt in der bisherigen Entwicklung der Menschheit emporgehoben. Denn „die kopernikanische Wahrheit" hatte schon ich durchaus genommen in dem Sinne: die Unendlichkeit der physischen Welt, welche sich mir mit Notwendigkeit aus ihr zu folgern und das innerlich bei weitem bedeutsamste an ihr schien, woran sich auch meine

Argumentation geknüpft hatte. Troels-Lund macht jetzt (S. 251 bis 254) darauf aufmerksam, daß Kopernikus und Kepler aus ihrer Verlegung des Mittelpunkts unseres Planetensystems von der Erde in die Sonne noch gar nicht zu dem Gedanken der Unendlichkeit der Welt vorschritten, des eigentlich Bedeutungsvollen der kopernikanischen Entdeckung sich noch gar nicht voll bewußt wurden, weil sie nach einer Lieblingsanschauung ihrer Zeit die Welt als das ungeheure, von Gott eingerichtete „Uhrwerk“ ansahen, für welches es verhältnismäßig gleichgiltig war, ob die Erde hier oder dort in dem Räderwerk saß. Das Entscheidende war, daß „alles in innerer Verbindung stand“ (253). Aber Troels-Lund sagt (250) selbst, daß eigentlich mit dem Gedanken des Kopernikus selbst schon der volle Umschwung gegeben war und spricht sich dort so aus, daß eine Rekapitulation meiner Schrift von 1868 gar nicht zutreffender gegeben werden könnte. Die Kirche, sagt er, hatte unzweifelhaft recht, in Kopernikus' System eine Auffassung zu sehen, „welche nicht nur den Worten des Alten Testamentes widersprach, sondern auch damit enden mußte, die kirchliche Lehre selbst zu untergraben“. Denn der christliche Glaube mit seiner Lehre „von den göttlichen Veranstaltungen zur Erlösung der Erde beruht auf der stillschweigenden Voraussetzung, daß die Erde der Mittelpunkt der Welt sei, sich um sie alles drehe. Indem die Erde aus dieser Sonderstellung verdrängt wurde und zu einem kleinen Planeten zusammenschrumpfte, der wie so viele andere um den Hauptkörper, die Sonne, kreist, verflüchtigte sich in gleichem Grade die Wahrscheinlichkeit dafür, daß ihre Entwicklungsgeschichte es sein sollte, welche die Geschichte Gottes hervorgerufen, die Menschwerdung Gottes herbeigeführt hätte“. „In den ganzen Gedankengang kommt etwas Schiefes; das Weltenschauspiel verlor an Bedeutung, indem es bloß in einem Provinztheater aufgeführt wurde.“ Somit stimmt meine 1868er Schrift mit der Tendenz des Troelsschen Buches völlig überein, und ich fühle mich nun durch dieses auf denselben Punkt zurückgerufen, um nun nach dreißig Jahren noch einmal kritisch zu revidieren, was an ihm wirklich für das Geistesleben der Menschheit liegen mag und was nicht.

Zweites Kapitel.

Troels-Lund führt sein Buch von dem Punkt an, wo er das Welt-Ei durch den Menschengeist aufgepickt werden läßt, in der Weise zu Ende, daß er nun nach allen den hochinteressanten Kapiteln, in denen er dargestellt hat, wie vorher in den verschiedensten großen Epochen und Völkern ein wichtigster Anteil der „Lebensbeleuchtung" vom gestirnten Himmel oder dem „Himmelsbilde" her in das menschliche Fühlen herniedergestrahlt ist, die Wirkung andeutungsweise zum Ausdruck bringt, welche seiner Meinung nach der neue Gedanke der Unendlichkeit der Welt seit dreihundert Jahren auf die Menschheit ausgeübt hat. Diese Troelsschen Gedanken habe ich zunächst zu skizzieren und zwar, denke ich, in der peinlicheren Ordnung und Präzision, in welche Gedanken freier litterarischer Produktion sich umgießen, wenn sie von dem anderen, der kritisch über sie herkommt, einmal auf ihre eigentlichen Thesen gebracht werden und auf ihren Wahrheitsgehalt geprüft werden sollen.

I.

1. Nach Troels also ist mit dem Aufblitzen des Gedankens der Unendlichkeit der Welt — nicht etwa eine, sondern die alte Entwickelung des Menschengeistes abgeschlossen, eine neue und unbekannte hat angefangen, an deren Schwelle wir stehen (256). Die neue Zeit wird von dem einen Grundgedanken bestimmt: Die Welt ist unendlich (262). Eine neue Periode in der Entwickelung des Menschengeistes ist von „der Stunde an" zu rechnen, in welcher der Gedanke an eine unendliche Welt entstand (258).

2. Die Unendlichkeit der Welt findet bei Troels den grandiosen Ausdruck: „Die Welt ist ja doch nicht nur der kleine Fetzen Erde und seine nächste Umgebung, sondern Billionen und aber Billionen Kugeln im Unendlichen" (261). Die unendliche Schöpferkraft strömt jeden Augenblick Millionen und aber Millionen neuer Kugeln aus" (266).

3. Der Eindruck des Gedankens der Unendlichkeit der Welt ist wahrhaft erschütternd. In unsrer Zeit wird der Gedanke schonungslos über jedermann ausgestreut (255); jeder von uns erinnert sich jener schrecklichen Stunde, da er sich uns zum erstenmale aufdrängte; von der Stunde an waren wir gezeichnet. Selbst, wenn wir im Lauf der Zeit den Schmerz vergessen konnten, war der Durchbruch geschehen, wir konnten den Gedanken nie mehr loslassen und er läßt uns nicht mehr los (255 f.). Seine erste Wirkung war ein erstarrendes Gefühl von Kälte, ein Schauder, sich so schrecklich klein zu fühlen (262); der Nachthimmel wurde die grundlose Tiefe, die unserer Kleinheit spottet (263). Es ist eine entsagungsvolle Gewißheit, zugleich von der Unendlichkeit der Welt überzeugt zu sein und zugleich als endliches Wesen den Gedanken nicht beherbergen zu können (268).

4. Die Erde ist nur ein winzig kleiner Teil der Welt, und jeder Einzelne von uns wieder ein unendlich kleines verschwindendes Wesen auf der kleinen Erde (262). Alle die alten großen Gedanken („nicht nur Teufelslehre und Sterndeutung, sondern auch die Dreieinigkeit, ja die Kirche selbst") wurde zu Kleinigkeiten (255). Es giebt keine unter den alten großen Gedanken (aller Religion und Philosophie, welche die Mittelpunktstellung der Erde im endlichen Weltall voraussetzen), der nicht jetzt ein Loch hätte (260).

Der unendliche Gott sollte „einen Sohn" haben, um dessen Erscheinung auf Erden sich der Gang der ganzen Welt von Ewigkeit zu Ewigkeit drehen sollte? (261). Die ursprüngliche Lehre der Kirche ist überall verlassen (261); die Gesellschaft hat sich mehr und mehr daran gewöhnt, andere nach anderen Lebenswerten als denen des alten Glaubens leben zu sehen (260).

5. Es kann zwar scheinen, als ob alles beim Alten geblieben sei, als ob noch „der alte Schlagbaum der Kirche auf der Heerstraße zum Himmel liege" (259). Das ist die Macht der Trägheit. Auch sind „die alten Gedanken" tief in der menschlichen Natur begründet gewesen, und „in der Erzählung von Gott, der seinen Sohn zur Welt sandte, sie zu erlösen, liegt geistiger Nahrungsstoff noch für viele Geschlechter" (260). Das alte Weltenei ist unwiderruflich zersprungen. Sicherlich werden aber

Jahrhunderte vergehen, ja wohl Jahrtausende, ehe die neue Auffassung zur Klarheit gelangt ist (275).

II.

1. Eine Spezialwirkung dessen, wodurch die neue Periode der Menschheit heraufgeführt worden, ist, daß die Bedeutung des Sternhimmels gegen die früheren Zeiten (der Astrologie) im Bewußtsein der Menschen weit zurückgegangen ist; man hat sich von der Betrachtung des Nachthimmels, des Bildes der Unendlichkeit, „scheu" abgewandt, seine Kenntnis bei den heutigen europäischen Menschen beruht auf Eindrücken zweiter Hand (263). Durch die mannigfachen Erfindungen der Beleuchtung hat sich die Stadtbevölkerung eine kleine Welt geschaffen, „festlich eingerichtet und mit Polstern versehen gegen den Zug der Unendlichkeit".

2. Die Entdeckung der Welt des unendlich Kleinen beruht auf einer Reaktion gegen das sonst unerträgliche Gefühl des unendlich Großen; nur durch die Hinwendung zu dieser Welt des unendlich Kleinen konnte der Mensch wieder sein Gleichgewicht gewinnen (264). Der Gedanke an das unendlich Kleine hat in dem letzten Jahrhundert eine Rolle gespielt wie nie zuvor: in der Beschäftigung mit den Bakterien als Krankheitsurhebern und in dem Gedanken der unendlich kleinen Uebergänge, welcher die kosmogonischen und biologischen Theorieen beherrscht (264—266).

III.

1. „Auf dem Wege des unendlich Kleinen ist man dazu gekommen, sich selbst als Einen anzusehen und zu fühlen. In dem Begriffe der Entwickelung hat der Menschengeist in der jetzt begonnenen Periode seine andere und höhere (NB. als die durch das Gegengewicht des unendlich Kleinen) Form der Befreiung erreicht. In dem Begriffe der Entwickelung wagt man hervorzugucken nach außen und aufwärts auf die unendliche Welt, den unendlichen Gott" (266). Man findet wieder Selbstvertrauen, sofern man Anteil an der Entwickelung, sofern man einen ganz bestimmten Platz

auszufüllen, eine für das Ganze notwendige Wirksamkeit zu entfalten hat (266).

2. Dem tritt freilich jetzt wiederholt der Anfall des Zweifelgeistes entgegen. In der Kindheit der Völker hatte man einen Gott, der sich offenbart hatte; jetzt aber fragt man sich: Woher weißt du denn das? Wer bürgt dir dafür? Sind das alles nicht bloß subjektive Gedanken? Alle Gedanken des Menschen von Gott sind doch nur ein Spiegelbild des Menschen selbst, daher auch die Vorstellungen von Gott so verschieden (267). Der Mensch entdeckt zu seinem Schrecken, daß das, was er Gott nennt, nur eine Projektion seines eigenen Bewußtseins ist. Hier liegt der Schmerz der heutigen Weltanschauung am deutlichsten zu Tage (268).

3. Aber wir sind elastisch genug, solche Anfälle zu überstehen. Wir glauben doch, wir haben die Kraft, zu vergessen, zu glauben und zu hoffen (269); „wir müssen an eine Welt um uns glauben" (269). Dann taucht der Gedanke der Entwickelung wieder auf und gewährt uns eine neue Art Frieden (270). Hatten wir in der Kindheit an eine direkte Offenbarung Gottes geglaubt, so sagen wir uns jetzt: Wenn auch diese nicht stattfindet, so findet doch eine mittelbare Offenbarung Gottes an uns statt in der Welt und in uns selbst (267).

4. Gott ist auch in mir selbst, in meinem Wachstum, meiner Entwickelung (271), alles geht in der Gegenwart des Höchsten vor (272). — Einen Teufel giebt es nicht, weil das Dunkel, dessen unwillkürliche Personifikationer seit der Religion der Perser war, ja nur vorübergehend und zufällig war, eben nur die der Sonne augenblicklich abgekehrte Seite der Erde (271).

5. In ethischer Beziehung sind wir milder und humaner geworden. Man versteht jetzt die Fehler der Erwachsenen aus der eigenen Kindheit, wo wir ihre Analoga noch harmlos begingen und dadurch als in der menschlichen Natur liegend bezeugten. Die wahre Einsicht weiß sich mit jeder Entwicklungsstufe verwandt (271. 273). Die Jugend soll jetzt bis zum zwanzigsten Lebensjahr die Entwickelung der früheren Geschlechter durchleben, um so voll gerüstet der Aufgabe weiteren Fortschrittes zu gebote zu stehen. Das ist ein Segen des Entwickelungsgedankens. So wird sie

Toleranz, und nicht mehr Haß und Spott der bunten Mannigfaltigkeit der geistigen und sittlichen Erscheinungen entgegenbringen (273). Vor „Versumpfung" rettet eben das „Mitleid", d. h. das Gefühl vom Schmerze des Endlichen über seinen Abstand vom Unendlichen (273). Die früheren „großen Fragen" haben an Schwere verloren. Eine Frage bleibt und hat sich, zumal durch die größere Annäherung der Völker in unserem Jahrhundert, zu größerer Macht ausgewachsen, das ist die Frage der Menschheit als großer Brüderschaft (274). Das höchste Gefühl, das wir in uns entdecken können, ist das Mitleid mit anderen, die Liebe zu anderen. Die Liebe fordert keinen Lohn (274). Kann die Liebe aus Vernunft stammen, muß nicht Liebe selbst von Liebe stammen? Freilich sind solche Fragen nur „Sommerfäden des Bewußtseins" (275).

6. Entwickelung, unendliche Welt, unendlicher Gott — das ist der Kern der neuen Anschauungsweise (275). Aber warum das Dasein ist wie es ist, warum so schmerzvoll, warum Schlaf, Schlaffheit, Krankheit, Tod, das hat noch kein Mensch beantworten können. „Buddha, Sokrates, Jesus, Giordano Bruno" haben nicht einen Zipfel dieses Schleiers zu lüften vermocht (275). Warum eine Entwickelung, welche sich nur spät und schmerzhaft ihrem Ziele nähert? Zufall, Vernunft, Liebe sind gleich unzureichende Lösungsworte darauf. Eine Antwort ist vielleicht nie möglich, aber sicher wird die Menschheit ununterbrochen nach Antworten auf diese Fragen streben und von ihnen wird ihre wechselnde „Lebensbeleuchtung" abhängen (276). Den Schlußsatz S. 276 f. muß man selbst lesen, um sich von der tiefen und originellen Empfindungsweise dieses merkwürdigen Schriftstellers eine Vorstellung zu machen.

Drittes Kapitel.

(Zu Kap. II, I, 1). Troels-Lund setzt also den größten Schritt, der durch die „Welt"geschichte geht, der sie in einen Teil „vor" und einen Teil „nach" zerlegt, ganz wo anders hin, als wo er seit dem fünften Jahrhundert unserer Zeitrechnung liegt, und in ein ganz anderes Moment, als welches uns als der Grenzpunkt, von dem und bis zu dem, ganz in Fleisch und Blut tiefster Gewohnheit übergegangen ist. Freilich enthält sich Troels taktvoll aller Vorschläge äußerer Umänderung (wohl in seinem anderweitigen Gedanken, daß die Klarheit über die neue Epoche wohl erst mehrere Jahrhunderte zu ihrem Hervorreifen bedürfen würde, gleichwie die über die vorige seit Christi Geburt fünf bis acht Jahrhunderte nötig gehabt hat, um auch ihre chronologischen Konsequenzen zu ziehen); Troels ist in dieser Beziehung bescheidener und umsichtiger, als es einst die französische Revolution gewesen ist.

Der große Glockenschlag des Wendepunktes in der Menschengeschichte soll also in Wahrheit in der Geburtsstunde (oder dem Geburtsjahr) des Gedankens der Unendlichkeit der Welt ertönt sein. Hier hat sich nun die Kritik ganz eigenartig zu stellen. Wer den Gedanken ergriffen hat, für den ist es allerdings so, wie Troels will, aber daß der Gedanke die Menschheit so ergriffen habe, ist größtenteils Troels' Phantasie oder Konstruktion. Troels schreibt offenbar aus eigener persönlicher Erfahrung; daß die Erfahrung bei seinen ja recht hellsinnigen nordischen Landsleuten allgemeiner wäre, das war mir bisher unbekannt und das muß ich auch dahingestellt sein lassen. Ich persönlich habe ganz dieselbe Erfahrung wie Troels in mir gemacht, weshalb ich mich auch berufen fühle, nach dreißig Jahren noch einmal auf demselben Plane aufzutreten. Die Menschheit lebte in der Zeit vor der neuen größten Teilungslinie ihrer Geschichte in dem Glauben, daß sie, eine einzigartige Klasse von Wesen, auf dem einzigartigen Centralkörper lebe, und daß sich um sie geistiger Weise alles in der Schöpfung so drehe, wie Sonne, Mond und Sterne sich im Raume und damit zugleich symbolisch, zum Zeichen ihrer Dienstbarkeit, um die Erde drehten. Die Menschheit lebt in der Zeit nach jener Teilungslinie in der Belehrung, daß sie zahllose Wesenklassen ihresgleichen oder doch ähnlicher Art in einem unendlichen Weltall neben sich auf zahllosen anderen Erden habe, und daß ihr Wohnkörper, weit entfernt, die anderen zum Kreisen um sich zu zwingen, nur den Schein jener Vasallenbewegung durch eigene Bewegung hervorbringe, gleichwie dieser Schein auf allen anderen Erden bestehen muß. Sachlich genommen ist dies allerdings der größte Umschwung im Lebensgefühl der Menschen, der sich nur denken läßt, und man lebt, wenn man nur darauf reflektiert, in einer gänzlich anderen Welt als in der alten, wo sich der Himmel über der Erde wölbte und den Gegensatz zu ihrer Einzigkeit — wie in 1. Mos. 1,1 und überall in der Zeit vor der Teilungslinie — bildete. Speziell trägt das neue Weltbild sogleich das überwältigende Gefühl mit sich, daß ja die Menschwerdung Gottes auf einer der zahllosen Erden, wie sie der alte Glaube lehrte, nicht denkbar ist als ein allgemeingiltiges Eingehen Gottes in die Endlichkeit, um die endlichen Wesen zu erlösen, daß dieser Gedanke nur gefaßt sein konnte zu einer Zeit, wo man noch die Erde und die Menschheit als einzigartig voraussetzte. Nun aber beruht die christliche Zeitrechnung auf dem Glauben an den Ratschluß Gottes vor Anbeginn der Welt, seinen Sohn auf die einzigartige Erde zu senden, und dem Glauben, daß er ihn thatsächlich in Jesu Christo gesandt habe; keineswegs auf der Anerkennung der unvergleichlichen Vorzüglichkeit der Lehren und des Wandels des Menschen Jesus. Die Geburt Jesu ist nunmehr nach Troels nicht mehr das Ereignis der Ereignisse, sondern sein Leben, Lehren und Wirken bloß eine Phase innerhalb der ersten Epoche der Menschheit, wo noch nicht die für den Eintritt einer zweiten Epoche entscheidende Einsicht in die Unendlichkeit der Welt aufgegangen war. Das ist alles sachlich ganz richtig für den, der es erkennt und fühlt, aber bis jetzt hat sich die Menschheit keineswegs so viel aus dieser Veränderung ihres Wohnsitzes und ihrer eigenen Weltstellung gemacht, die ihr durch die Lehre einiger führenden Geister geboten wurde. Troels kann das unmöglich verkennen: er scheint also unter der Maske, daß er von einem eingetretenen Umschwung redet und die Folgerung aus ihm zieht, diesen Umschwung erst herbeiführen zu wollen, der logisch allerdings da ist, aber thatsächlich sich nur schwach spüren läßt. Die Wahrheit zur Geltung zu bringen, dazu aber hat Troels allerdings ein unbestreitbares Recht; ob er es vermag, oder an der Stumpfheit und der interessierten Gegenwehr der Menschen scheitert, das kann nur die nächste Zeit lehren.

(Zu Kap. II, I, 2.) Im Ausdruck der Unendlichkeit der

Welt übertreibt Troels, wenn sich das Unendliche überhaupt übertreiben läßt. Billionen und aber Billionen Kugeln im Unendlichen hat bisher die Astronomie aus Erfahrung nicht gelehrt, sondern nur Millionen sind es, die ihre weitgehendste Kenntnis umfaßt. Aber allerdings hindert die Astronomie nichts, jenseit der Grenzen, wo Weltkörper durch ihren Eindruck auf unseren bewaffneten Gesichtssinn noch eine Spur ihres Daseins hervorrufen können, die gleichen Verhältnisse des Weltalls, wie innerhalb des von unserem Gesichtsinn beherrschten Kubikraums, ohne jedes Aufhören anzunehmen, wie sie es auch thut. Daß im langsamsten Tempo aus dem Urnebel durch Verdichtung noch neue Kugeln und durch Rotation noch neue Weltsysteme entstehen und daß die entstandenen in mannigfachsten Stufen ihrer Entwicklung, namentlich auch hinsichtlich der (früheren, gegenwärtigen oder zukünftigen) Bewohnbarkeit begriffen sind, das lehrt die Astronomie allerdings, nicht ohne Anküpfung an Einzelbeobachtungen, die sie in der Theorie verallgemeinert. Aber daß die Schöpferkraft plötzlich „jeden Augenblick" Millionen und aber Millionen neuer Kugeln ausströme, das ist eine bloße Behauptung, die sich schwerlich durch irgend welche Erfahrung belegen läßt und die sich auch mit der philosophisch begründeten Annahme der einmaligen Erhebung des schöpferischen Weltwillens aus der Potentialität in den Aktus nicht reimt. Der einmalige Herausbruch des Ueberseienden oder raum- und zeitlos in sich ruhenden Absoluten in die Sphäre der raumzeitlichen Existenz ist eine plausiblere Annahme als sozusagen allaugenblickliche Schöpfungszuckungen des Urwesens. Aber wie es auch mit diesen Dingen, die wir nicht wissen können, stehen mag: für die Einwirkung des Gedankens der Unendlichkeit der Welt auf Lebensgefühl und Lebensbeleuchtung der Menschheit macht es kaum einen Unterschied, ob wir die Unendlichkeit der Welt empfinden in den thatsächlich für die Größe des unserem Gesichtssinn noch in den äußersten Spuren zugänglichen Weltausschnittes geltenden Zahlen, oder ob wir mit Troels so recht in der Unendlichkeit des ahnungsvoll darüber hinaus mit der Phantasie Ergriffenen schwelgen.

(Zu Kap. II, I, 3.) Die Erschütterung durch den Gedanken der Unendlichkeit der Welt (ich will von nun ab, der Kürze halber, sagen: der Gedanke U, oder, wie schon in meiner Schrift von 1868, in Analogie des „nationalen Gedankens", der „kosmische Gedanke") muß Troels persönlich erlebt haben, er könnte sonst nicht so wahrheits- und eindrucksvoll von ihm schreiben, auch hat es keinen Zweck, auf dem Papier so etwas zu erzeugen. Der Gedanke muß den erschüttern, der ihn erfaßt hat, und daß Troels ihn erfaßt hat, beweist sein ganzes Buch, das man von diesen Gedanken getränkt finden wird, wenn man es nur in dem Lichte seines letzten Abschnittes liest, auf den offenbar alles Frühere hinaus wollte. Ich habe mich also dazu bekannt, daß ich die gleiche Erschütterung erlebt habe, und eben das ist es, was mich die Troelssche Gedankenarbeit aufnehmen läßt. Ich irre mich nicht im mindesten in der Rückerinnerung an mein Erlebnis. In den Akten des Göttinger Gymnasiums wird sich noch mein lateinisches „curriculum vitae" vom August 1860 finden, in der Ausführlichkeit, mit der man damals unter Einreichung eben einer solchen „vita" sich zum Maturitäts-Examen meldete, also in der Länge von 12—16 Quartseiten. Das geistige Leben nach Gebühr schon damals als eine Hauptsache des Lebens anzusehen gewöhnt, erzählte ich in dem curriculum auch, wie mich der Sternenhimmel, der Gedanke an die Größe der Welt, so tief ergriffen, mich in meiner angeborenen Neigung zu den alten Klassikern so gestört und irre gemacht, überhaupt mir eine Weile das natürliche Gefühl der Hingebung an die menschlichen Aufgaben zerrüttet hätte*), alles das, weil im Verhältnis zum Sternenhimmel und der Vielheit der Welten alles Irdische so klein und gleichgiltig erschienen wäre, — bis ich wieder Freude am Menschlichen gefunden hätte durch jene berühmte Stelle gegen Ende in Kants Kritik der praktischen Vernunft: „Zwei Dinge sind es, die das Gemüt mit immer neuer Bewunderung erfüllen, der gestirnte Himmel über uns und das moralische Gesetz in uns . . . Der erstere Anblick einer zahllosen Weltenmenge vernichtet gleichsam

*) Von der Kollision mit dem spezifisch Christlichen erwähnte ich nichts, ich weiß noch, aus Scheu, den vortrefflichen Direktor nicht zu betrüben, einen sehr gläubigen Christen, von dem ich hoffte, daß er, vom kosmischen Gedanken in allem Unterricht ganz unberührt, gar nicht auf diese Konfrontation desselben mit dem Kern des christlichen Glaubens verfallen würde.

meine Wichtigkeit. Der zweite erhebt dagegen meinen Wert, als einer Intelligenz, unendlich, durch meine Persönlichkeit, in welcher das moralische Gesetz mir ein von der ganzen Sinnenwelt unabhängiges Leben offenbart." Der erstere Eindruck, der des kosmischen Gedankens, war vollkommen wahr und erlebt, der zweite, der des Trostes, hatte allerdings etwas von Schönrednerischem, Nachgesprochenem — ich kannte die Stelle natürlich noch nicht aus dem ganz gelesenen Original, sondern zunächst aus Littrows „Wunder des gestirnten Himmels" — und Herausdrapiertem an sich, mit nur einem richtigen Kerne: daß man sich, auf den Wert des Innern besinnend, den Druck äußerer Ueberlegenheit überwinden kann. Und so innerlich pflegen sich ja die gemütlichen Nöte nicht zu lösen, daß sie andauerten, bis sie von einem klaren und bestimmten Gedanken, der ihrer wirklich Herr ist, besiegt würden, sondern man trägt sie „fragt mich nur nicht wie". Die Erschütterung durch den Gedanken U war viel älter, als daß sie die ganzen langen Jahre bis zum Kennenlernen des Wortlautes des Kantschen Gegengedankens ungeschwächt hätte fortdauern können, sie glimmte nur neben allen Gefühlen, namentlich aber allem übermäßigen Halloh von den Erdendingen her mit einem stillen: Ich weiß ja doch, was ich weiß. Ich erinnere mich ganz untrüglich genau, und es ist eine meiner ältesten Kindheitserinnerungen, jener Troelsschen „schrecklichen Stunde", wo sich der kosmische Gedanke zum erstenmal mir aufdrängte. Ich jubelte am Beginn eines hellen Winterabends, als die ersten Sterne sichtbar wurden, mit den Nachbarskindern auf der „Allee" in Göttingen vor dem elterlichen Hause: „Der liebe Gott steckt Licht an!"; da sagte mir ein vorübergehender junger Herr W.......: „Junge, das sind ja alles Welten wie unsere auch." Ich erinnere mich ganz genau, wie ich im Nu fühlte: dann ist ja aber alles anders, als man uns lehrt; und ich weiß, daß ich dabei namentlich an Christus dachte, der für uns Menschen Mensch geworden sei. Troels sagt, was die persönliche Erfahrung von ihm und mir betrifft, mit vollkommenem Recht, daß der Gedanke uns nie mehr losläßt. In der christlichen Kinderlehre gewann ich den christlichen Glauben, der uns von einem ganz unvergleichlichen Geistlichen vorgeführt wurde, von seiten des Gemüts her, das auf ihn geschaffen schien, von ganzem Herzen lieb und habe diese Neigung auch mein Leben hindurch bewahrt, aber im stillen nebenher sagte ich ich mir doch immer unter der Wucht des kosmischen Gedankens: Sein kann es aber doch nicht so (daß der Mensch auf der kleinen Erde unter zahllosen Erden so sehr das A und O der Veranstaltungen Gottes sein sollte). — Mancher Leser wird hier den Kopf schütteln, daß die Auftischung so persönlicher Dinge ein Buch sein solle (als ob nicht Selbstbiographieen und Lyrik ihre Bücher größtenteils mit Persönlichem füllten). Aber Troels zwingt geradezu dazu, seine persönlichen Gefühle, wo es sein kann, durch persönliche Gefühle zu bestätigen, im übrigen aber festzustellen, daß sie höchst seltsamer Weise noch so wenig allgemein sind. An dem Gegenstand der Gefühle kann es nicht liegen, denn dieser hat in sich selbst die ungeheuerste Macht, diese Gefühle hervorzurufen; es muß also irgendwie an den Menschen liegen, als einem ungünstigen Boden, worauf der große Gegenstand fällt. Doch darüber werden wir uns sehr bald noch auszulassen haben. Jedenfalls pflegt es keine Wirkung zu üben, wenn (bei Gelegenheit des geographischen Unterrichts, auch wohl der Erklärung des ersten Artikels des christlichen Glaubens) der Gedanke U „schonungslos über jedermann ausgestreut wird"; es geschieht wohl nicht mit dem Nachdruck, den das so Ungeheuere verdiente, und die Menschen müssen wohl zu sehr mit sich selbst und ihren kleinen Ausschnitten aus der Erdenwelt beschäftigt sein, als daß durch bloßes Anhören der kosmische Gedanke in ihnen zündete. Von der Troelsschen „schrecklichen Stunde" erinnerte ich mich eigentlich kaum je etwas gehört oder gelesen zu haben. Von dem „Schauder, sich so klein zu fühlen", habe ich wohl gehört aus dem Munde von Menschen, die aus den Alpen oder auch von der See zurückkamen, aber von der Demütigung durch den gestirnten Himmel eigentlich nicht. Umgekehrt, wer diese kennt, pflegt von dem Gebirge oder dem Meere kaum mehr als von etwas so Gewaltigem betroffen zu werden, weil er ja durch das so ohne gleichen Gewaltigere dagegen gefestigter ist. Die Qual, das Unendliche an seiner abstrakten und begrifflichen Schwierigkeit fassen zu sollen, aber doch nicht beherbergen zu können, ist viel allgemeiner und wohl jedem, der sich mit Mathematik und Philosophie beschäftigt hat, wohl bekannt. Aber hier handelt es sich nicht sowohl um den Begriff des Unendlichen als um die Vorstellung des konkreten Unendlichen und ihre Wirkung auf den Menschengeist.

Die Troelssche Annahme, daß der Gedanke U die zweite große Epoche in der Geschichte des Menschengeistes bedinge, scheint also in dem unmittelbaren Stande des Menschengefühls gegen den großen Gedanken wenig genug begründet. Das ist, wie gesagt, unsäglich merkwürdig. Es ist zunächst eine Bestätigung der Meinung W. Wundts (Vorlesungen über Menschen- und Tierseele, dritte Auflage, Seite 416), daß „der Mensch eigentlich nur selten und wenig denkt", einer Meinung, der auch Schopenhauer so oft Ausdruck gegeben hat. Troels und ich werden uns nicht überheben, wenn wir auf diesen Punkt so sehr viel empfindlicher reagieren: vielleicht thun wir es stumpfer in manchen den Menschen nahen und wichtigen Gebieten. Weiter aber beruht es allerdings auf dem ganz richtigen Takt, daß sich der Mensch durch den kosmischen Gedanken nicht sein eigentliches Studium, den Menschen, und seine eigentlichen Angelegenheiten, die menschlichen, stören lassen darf. Endlich aber stellt sich das Bild etwas anders, wenn man seine unmittelbare Erfahrung verläßt und einmal auf die Größen der Litteratur einen Blick wirft. Bei den meisten wird man doch den kosmischen Gedanken gelegentlich mit Wucht zur Sprache kommen finden. Z. B. in dem Eingange von Schopenhauers zweiten Bande der W. als W. und V., oder in Klopstocks hocherhabener Ode: „Nicht in den Ozean der Welten alle will ich mich stürzen . . " oder in Schillers großartigem Gedichte „Größe der Welt", welches schließt: „Kühne Seglerin Phantasie, wirf ein mutloses Anker hie", überhaupt bei Autoren der zweiten Hälfte des achtzehnten Jahrhunderts, welche, wie z. B. Voltaire in seinem Mikromegas, von dem Gedanken noch am meisten ergriffen waren. Ich schweige von den populären astronomischen Lehrbüchern, welche selbstverständlich dem Gedanken U kräftig Raum geben. Von philosophischen Büchern kenne ich nur eines, das sonst vielfach dilettantisch und seiner Aufgabe kaum gewachsen, aber von dem kosmischen Gedanken ganz durchdrungen ist, Karl Mühlenhardts „Zwanzig philosophische Lehrsätze", Berlin, im Selbstverlag, 1887, 436 Seiten, vgl. meine Besprechung desselben in der „Gegenwart“ vom 11. August 1888; Carl Freiherr du Prel mit seinem „Kampf ums Dasein am Sternenhimmel“ tritt dem kosmischen Gedanken von einer originellen, sehr modernen Seite nahe, die aber von seiner centralen Bedeutung für die Menschheit abseits liegt. Die Systeme der Philosophen zeichnen sich sonst im allgemeinen durch eine beinahe sträfliche Nichtbeachtung des kosmischen Gedankens aus, am meisten das Hegelsche, aber selbst bei einem so wahrhaft erstaunlichen Denker wie E. v. Hartmann habe ich diesen Punkt immer als eine Achillesferse empfunden. — Schiller zeigt in dem angeführten Gedichte das vollkommenste Verständnis und das tiefste Gefühl für den Gedanken U. Er hat ihn sonst aber auf sich beruhen lassen und sich mit vollster Hingebung in das Menschliche versenkt. Sollte er ihn vergessen haben? Unmöglich. Sollte er gerade hier versäumt haben, die Verbindung der Elemente seines so unablässig regen Geisteslebens unter einander herzustellen? Er wird, wie wir das im fünften Kapitel als das Richtige erkennen werden, über ihn zur Tagesordnung übergegangen sein, aber so, daß er ihn doch immer in der Tiefe der Seele lebendig hielt als ein Element, das einen leichten Abschein seiner Färbung und Stimmung hinaufzittern ließ. Jetzt aber ist die Sache durch das Troelssche Buch anders geworden. Dieses Buch, welches durch den Zauber seines Inhalts und seiner Darstellung wie ein reißendes Feuer um sich greifen muß — oder die Apathie der Menschen wäre noch viel größer, als sie von deutschen Schriftstellern leider, die bekannten Genres ausgenommen, meist einzuschätzen ist — hat den Gedanken U einmal mit voller Ausdrücklichkeit unter das Brennglas genommen, so daß „jetzt oder nie“ die dennoch Denkenden unter den Menschen vor die Aufgabe gestellt werden, ihn in sich zu verarbeiten, sich klar darüber zu werden, was sie ihm für ihr Grundgefühl zu Welt und Leben einräumen wollen und was nicht. So unrecht also Troels auch hat mit der Unterstellung, daß schon jetzt der Gedanke U alles verwandelnd und revolutionierend auf der Bildfläche des menschlichen Geisteslebens erschienen wäre, so gewiß führt er es selbst herbei, daß die Menschen sich jetzt einmal mit diesem großen Gedanken auseinander setzen müssen.

(Zu Kap. II, I, 4.) Der Kern des Gefühles, welches sich

an den dominierenden neuen Gedanken U ansetzt, wird von Troels ganz richtig darin gefunden, daß alles frühere Große und Wichtige für uns nun zu einer Kleinigkeit herabsinkt, also der Nerv unserer Hingebung daran zunächst abgespannt wird, welcher sich eben nur unter der Voraussetzung der Größe und Bedeutung der Sache straff hielt. Dies bedeutet aber eine furchtbare Gefährdung des Ernstes und der Thatkraft des Menschenlebens. Unrecht hat aber Troels, wenn er hier auch betont, daß jeder von uns ein unendlich kleines verschwindendes Wesen auf der kleinen Erde sei. Als solches kann und muß man sich ohne jede Beziehung auf den kosmischen Gedanken auch schon im Verhältnis zur ganzen Menschenwelt und dem ungeheuren Knäuel ihrer Bestrebungen und Bethätigungen fühlen. — Gewiß haben jetzt alle alten großen Gedanken ein Loch, nämlich durch das eine Gefühl, das ihnen in die Seite bohrt, daß die Menschheit, auf die sich alle großen Gedanken beziehen, früher ein Unikum war, jetzt aber ihresgleichen wahrscheinlich zahlreich im Weltall hat. Die Einzigkeit der Menschheit war aber in den großen alten Gedanken nichts weniger als ein nebensächliches Moment, vielmehr lag sie ganz exklusiv in dem Mittelpunkt der Betrachtung, die ganze Welteinrichtung war als auf sie allein zugeschnitten gedacht. Die Spezialanwendung auf den Sohn Gottes als den auf die Erde herabgestiegenen Erlöser liegt auf der Hand; wir wollen sie aber im letzten Abschnitt als eine Hauptsache ganz unbefangen und allseitig noch einmal erwägen.

Von nun ab tritt hervor, daß Troels wichtigste Fragen idealer Natur, die gegenwärtig so recht in Fluß sind, heranzieht in dem Sinne, als ob sie wesentlich von dem Gedanken U heraufbeschworen wären und durch ihn beherrscht würden. Das könnte so sein, ja sollte so sein, aber es ist thatsächlich viel weniger der Fall, als Troels offenbar annimmt, wenn er gerade hier diese Fragen verfolgt. Sie hängen von noch manchen anderen Momenten ab, die mehr an ihnen beteiligt sind. Wenn so nach Troels die ursprüngliche Lehre der Kirche überall verlassen ist, so liegt das, so weit es richtig ist, keineswegs daran, daß die Menschen fühlten, wie in ihr ein einziger Planet gleich dem ganzen Universum gesetzt und folglich eine ganz falsche Grundlage gelegt sei, sondern es liegt daran, daß von vielen Seiten her die Menschen fühlen, wie es mit der wirklichen realistischen Wahrheit jener Lehre fraglich bestellt sei, und daran, daß sie nach ihrer natürlichen, weltlichen Gesinnung gravitieren, wenn diese nicht mehr von einer wirklichen Ueberzeugung, daß der Zweck des Lebens ein jenseitlicher sei, überwunden wird. Ganz ist es übrigens doch nicht richtig, daß die ursprüngliche Lehre der Kirche überall aufgegeben sei: manche evangelische Sekten und auch manche Frommen in den evangelischen Hauptkirchen streben ihr noch mit voller Strenge zu, und in der katholischen Kirche herrscht im großen und ganzen noch, soweit sie nicht auch Namenskatholiken umfängt, das Prinzip der Autorität und die Einheit, wenn auch nicht des ursprünglichen, aber doch des relativ ursprünglichen, seit der mittelalterlichen Ausbildung des kirchlichen Systems nicht wesentlich mehr veränderten Glaubens. Sehr richtig ist es aber, daß, wie Troels sagt, die Gesellschaft sich gewöhnt hat, viele nach anderen Lebenswerten als denen des alten Glaubens leben zu sehen. Der Glaube kann beim besten Willen nicht mehr mit dem Kopf durch die Wand, die menschliche Natur wirft unter der großen Mannigfaltigkeit ihrer Typen auch gar viele solche in das Leben hinaus, welche außer Wahlverwandtschaft mit dem Glauben stehen, und in der That ist hierin eine entschiedene Abstumpfung oder Anpassung an das Unabänderliche auf seiten der dem Glauben Zugethanen eingetreten, wie im Lauf des letzten Menschenalters deutlich in die Erscheinung gefallen ist, auch wenn das letzte halbe Jahrzehnt eine fühlbar rückläufige Wellenbewegung darin mit sich gebracht hat.

(Zu Kap. II, I, 5.) Nun nimmt Troels aber in auffallender Weise seine Datierung eines neuen Weltalters plötzlich wieder zurück. Jahrhunderte, ja Jahrtausende, meint er, können noch vergehen, ehe die neue Auffassung zur Klarheit gelangt sei; es sehe noch gar nicht danach aus, daß der Gedanke U sich geltend gemacht habe, es sei anscheinend alles beim alten. Damit giebt er meiner obigen Feststellung des thatsächlichen Zustandes, den ich seinen Konstruktionen einer vollständigen Umwandlung im Geistesleben entgegenhalten mußte, recht. Aber er unterschätzt den möglichen oder, wenn die Menschen ihre Sinne offen haben, wahrscheinlichen Eindruck, den sein eigenes Buch machen muß. Der Franzose Flammarion und der Amerikaner Verne haben auch in den letzten beiden Jahrzehnten viel phantasiert über die Vielheit der Welten und ihre Bewohnbarkeit, aber mehr einen harmlosen Unterhaltungsstoff für die Beschäftigung der Einbildungskraft damit angestrebt. Troels hat die Sache aufs nachdrücklichste als entscheidend für die ganz neue Beleuchtung, in der die Menschheit ihre eigene Existenz und Stellung zum Weltall nunmehr ansehen müsse, also als eine ernsteste Geistesangelegenheit allerersten Ranges accentuiert, und das kann, ja das muß bahnbrechend wirken. Das Tempo der Lebensumänderungen ist in der zweiten Hälfte des neunzehnten Jahrhunderts auf allen Gebieten des äußeren Lebens so wunderbar beschleunigt gewesen. Hinsichtlich der „Weltanschauung" zeigt sich auch die äußerste Rührigkeit, aber die Vielheit der Meinungen schäumt wirr durcheinander, kommt nicht recht vom Fleck, dreht sich im Kreise herum. Troels selbst hat nun einen mächtigsten Gedankenblock zwischen die Streitenden geschleudert, und es ist nicht abzusehen, warum die Sparten sich nicht einmal, das übrige einstweilen zurücksetzend, sich über diesen herwerfen sollten. Der Troelssche in die Gärung hereingeworfene Gedanke hat die höchst günstige Seite für sich, daß er ein einziger, ganz bestimmter ist, über dessen Richtigkeit und Bedeutungskraft sich doch wohl schon jetzt die Meinungen einigermaßen klären könnten, wenn er nur einmal ganz ausdrücklich ins Auge genommen wird. Dazu zwingt aber gerade das Troelssche Buch mit seiner eine ganz bestimmte große Tendenz verfolgenden Ausdrücklichkeit. Es ist wirklich nicht erfindbar, weshalb sich diese große Sache so ganz beiläufig durch Jahrhunderte sollte hinschleppen müssen, nachdem Troels einmal ein Signal, ja eine Fanfare hat ertönen lassen. Mir selbst hat sein Donnerruf die Besinnung geweckt, daß zufällig gerade ich in dieser mein Leben lang auf dem Herzen getragenen und im Geiste bewegte Sachen eine Masse Stoffes in petto habe; warum sollte ich mich da nicht bemühen, mit Troels einen Bund einzugehen und die große kosmische Frage mit ihm in Fluß zu bringen zu suchen? Vertragen müssen es doch die Menschen können, wenn in wirklich reinem Wahrheitsdrange zwei für die idealen Anliegenheiten der Menschheit warm erglühte Männer ihren Versuch machen, ein vernachlässigtes großes Moment in seine gebührende Stellung unter die Gedanken einzusetzen, mit denen die

Menschen die Stellung ihres Geschlechtes in der Welt begleiten und kommentieren. Und da ist es kein ganz gleichgiltiger Zufall, wenn ein neues Büchlein „Ein Band der Geister“ von Dr. Heinrich Romundt (Leipzig, C. G. Naumann, 1895), S. 12 eine alte Definition Immanuel Kants von der Philosophie, daß sie die Lehre von der Stellung des Menschen in der Schöpfung sei, wieder hervorholt. —

(Zu Kap. II, II, 1.) Sehr originell ist, wie Troels die Thatsache, daß die Menschen der Gegenwart, zumal die Bevölkerung der großen Städte, weit weniger mehr als die der Vergangenheit am Sternenhimmel Bescheid wissen, zu einer Wirkung und Signatur seines neuen Weltalters macht. Es soll Scheu vor dem furchtbaren Gedanken der Unendlichkeit sein, der sie die Rolle des Vogels Strauß spielen läßt. Ein überraschender Einfall ist gewiß der Gedanke dieses Zusammenhanges, aber er trifft doch schwerlich den Grund der Sache. Die Menschen haben eben den Atlas, Geographieunterricht und namentlich den Kalender. Sie brauchen sich nicht mehr wie der Oedipus bei Sophokles (König Ö. 795) an den Sternen über ihre irdischen Wanderungen zu orientieren, nicht mehr, wie der Landmann im Altertum nach Hesiods „Tagen und Werken“ und Virgils „Georgika“ die Jahreszeiten und Signale für die richtige Zeit und Stunde zu den einzelnen Verrichtungen des Landbaues vom Himmel selbst (aus dem ersten Wiedererscheinen der in den Strahlen der Sonne verschwunden gewesenen Gestirne vor dem Morgenrot und ihrem Verschwinden vor der im Westen versinkenden Sonne im Abendrot) abzulesen; auch der Mondschein steht eben im Kalender. So tief liegt die Sache gewiß nicht, daß ihnen nunmehr vor dem unendlich gewordenen Himmel graute. Die nächtliche Beleuchtung der Städte ist Verkehrsbedürfnis und unmittelbare Annehmlichkeit; der Erfindungsgeist ist namentlich in der Richtung der Erhöhung des Lebenscomforts wunderbar geweckt, und auf diesem Gebiete ist der Wetteifer gerade so sehr an der Tagesordnung, wie er hinsichtlich der allgemeinen menschlichen ἀρετή, gleich als ob darin selbstverständlich jeder genügte, keinem mehr in den Sinn kommt. Was Wunder, wenn der Sternenhimmel aus dem Bewußtsein der Menschen zurückgedrängt ist, zumal der astrologische Aberglaube nicht mehr besteht und nur am fin de siècle neben anderen schlechten Moden der Mysticismus noch einmal ein paar wunderliche Blasen aufgeworfen hat*). Die Menschen haben eben in dem durch ihre Zunahme und durch die Maschinentechnik so sehr verschärften Kampf ums Dasein, zumal bei der Erhöhung ihrer Lebensansprüche, genug mit sich selbst zu thun. Denn richtig ist die von Troels behauptete Thatsache allerdings, mögen auch viele Journale unter den vielen Ecken für allerhand Liebhabereien auch eine solche für Himmelserscheinungen haben. Von dem tiefen Ernst, der nach dem Troelsschen Buche Jahrtausende lang die Geschlechter der Menschen an das Himmelsbild band, ist nichts mehr zu spüren; jene astronomischen Ecken sind eben für eine Art von Sport, dieses so vordringlich charakteristische Merkmal unserer Tage, da, und für eine recht seltene, da man sich damit nicht zur Schau trägt. Bücherbelehrung („aus zweiter Hand") über den Sternenhimmel giebt es reichlich und wird gewiß auch benutzt, aber ein unmittelbares Verhältnis des Gemüts- und Geisteslebens zu ihm, wie in der Troelsschen ersten Periode der Menschheit, ist ziemlich verschwunden. Nach dem kosmischen Gedanken bedeutet der Sternenhimmel nichts mehr für die eigenen Schicksale der Menschen: diese negative Seite des Gedankens ist zur Wirkung gekommen, aber an seiner positiven Seite geht man meist ahnungslos vorüber. —

(Zu Kap. II, II, 2). Sehr geistvoll ist wieder von Troels das der neueren Zeit angehörige Studium des unendlich Kleinen mit dem Eindruck des unendlich Großen zusammengruppiert, aber sollte es psychologisch wirklich so gewesen sein, daß auf diese Weise der Mensch nach der Betäubung wieder sein Gleichgewicht suchte? Troels dichtet wohl unversehens seine eigene Empfindungsweise in die Menschen hinein; weit näher liegt der rein technische Gedanke, daß die erprobte Möglichkeit, das Teleskop zu konstruieren, nur optischen Erkenntnissen gemäß auf die Erfindung des Mikroskops führte. Vollkommen richtig sind aber die Andeutungen

---

*) S. das Buch aus dem Jahre 1892 bei Troels, Anm. 108, auch „Die Physik der Astrologie" von Albert Kniepf, Hamburg-Borgfelde, im Selbstverlag d. Verfassers 1899.

über die außerordentliche Rolle, welche das „unendlich" Kleine in diesem Jahrhundert gespielt hat. In der Bakteriologie — das weiß jedermann, und es giebt vorzügliche Forscher, wie den Professor Ottomar Rosenbach, welche sogar — mir scheint, nicht mit Unrecht — beklagen, daß die übertriebene Aufmerksamkeit auf diese Krankheitsursache den Blick auf innerliche, psychische Krankheitsursachen verdunkele und die übertriebene Furcht vor den Bakterien die Humanität schädige. In der Entwickelungsgeschichte — das ist den Kennern nicht minder bekannt, die wissen, daß alle mit dem Darwinismus verwandte naturwissenschaftliche Betrachtungsweise von dem Gedanken unendlich kleiner Uebergänge und ihrer Summationsphänomene geradezu lebt. Aber der Ursprung davon aus dem kosmischen Gedanken scheint doch sehr fraglich, so sehr ihre Anwendung, die auf dem Gebiete der Biologie üblichen Theorieen, auch auf kosmogonische Hypothesen fielen. —

(Zu Kap. II, III, 1). Troels läßt die Menschen aus der zerschmetternden Wucht des Gedankes U wieder zu Selbstgefühl und Selbstvertrauen gekommen sein auf dem Wege der Erforschung des unendlich Kleinen, — wohl, weil man sich diesem in demselben Maße überlegen fühle, wie man unter der Ueberlegenheit der unendlichen Welt geseufzt habe. Die Thatsache besteht, daß der Mensch trotz der erkannten Unendlichkeit der Welt sein Haupt hoch trägt und sich die Achtung vor seinen Geschäften und Aufgaben nicht verleiden läßt. Aber wir werden im vernünftigen menschlichen Takte und anderweitigen inneren sinnvollen Vorstellungen das Zwischenglied finden, sich aus der niederbeugenden Wucht des kosmischen Gedankens wieder emporzuarbeiten, falls man wirklich diesem so sehr verfallen gewesen ist; der Hypothese, daß das unendlich Kleine diesen Dienst geleistet habe, wird es kaum bedürfen.

Den Begriff der Entwickelung rühmt Troels mit Recht als die belebendste Quelle des Mutes und des Weiterstrebens unserer Tage: eine solche Differenz zwischen dem, was der Mensch einst war und was er jetzt ist, liegt aufgedeckt hinter uns, daß auf einen gleichen Unterschied dessen, was er sein wird, gegen die gegenwärtigen Mängel zu hoffen ist. Dies Gefühl belebt in der That das gegenwärtige Geschlecht in allen denen, die so recht Träger des besonderen Zeitgeistes sind; ein schönstes Dokument von ihm finde ich in den in ihrer Art köstlichen modernen „Andachten“ Wilhelm Jordans, des hochbegabten Dichters. Aber nicht nur Quelle der Freudigkeit und Kraft ist der Entwickelungsgedanke, sondern auch Schema und Fingerzeig der Forschung, nachdem er einmal aus der Hegelschen Philosophie in das allgemeine Bewußtsein übergesprungen ist. Daß man aber, wie Troels meint, in eben diesem Gedanken, „der höheren Form der Befreiung des Menschengeistes“, wieder wage, „hervorzuzucken in die unendliche Welt“, davon hätte ich doch kaum etwas bemerkt, weil die Menschheit eben doch nicht, wie sie es logischerweise vielleicht gesollt hätte, sich durch den Gedanken U in das Schneckenhaus hat zurückschrecken lassen. Auch hat der Entwickelungsgedanke doch seine schwachen Seiten. Vor allem ist es höchst merkwürdig, daß in ihm die Menschen auf ihren persönlichen Egoismus, der sich doch sonst in all ihr Thun einmischt, ruhig verzichten, wie es scheint, ohne sich selbst darüber klar zu werden. Sie freuen sich dessen, was sie selbst ja nicht mehr erleben werden, gleich als ob sie selbst dabei wären. Ist das eine großartige, hochherzige, selbstvergessene Hineinversetzung in die anderen, denen dann der Fortschritt zu gute kommen wird? Warum zeigt sich dann aber die große und edle Kunst, ganz in den andern zu fühlen, soviel weniger den Mitlebenden gegenüber? Oder ist es Gedankenlosigkeit? Fast sollte man es deshalb glauben. Den Schluß, den Cicero in dem ersten Buche der Tusculanen aus dem Verse des Ennius

> „da pflanzt einer Bäume, die erst einem andern Menschenalter nützen sollen“

und den Lotze geradezu als ein Stück seines Lehrgebäudes aus dem Interesse der Menschen für das Zukünftige, das sie selbst nicht mehr erleben werden, zieht, um dieses Interesse sinnvoll und verständlich zu machen: daß man dadurch unwillkürlich seine Hoffnung auf Unsterblichkeit bezeuge, in der man doch Zeuge und Genießender des Zukünftigen sein werde, — den Schluß pflegt man nicht eben aus der eigenen Freude an der „Entwickelung“ zu ziehen. Oder zeigte man sich etwa in dieser Freude auch im Occident von dem „großen Wort“ des fernen Ostens durchdrungen: „das bist du“, nähme also wenigstens in diesem Punkte die substantielle Einheit aller Menschen an, wie auch die einzelnen Individuen kommen und vergehen mögen? In aller übrigen Beziehung pflegt man aber den Gegensatz des thatkräftigen Abendlandes, in dem jeder auf sich selbst steht und sein esse zu fördern sucht, und des quietistischen Orients, in dem man das Leiden aller auf sich lasten fühlt, ungewollt deutlich genug zu markieren. Endlich fällt auf die Freudigkeit im Entwickelungsgedanken wie ein Mehlthau die schwere Kritik, in welcher die Philosophie des Unbewußten die Hoffnung auf zukünftiges, im Prozeß zu erreichendes überwiegendes Glück der Menschengeschlechter als das dritte Stadium der Illusion (über die Möglichkeit einer positiven Lustbilanz der Welt) darstellt. Wenn man daraus auch nicht wieder geradezu ein pessimistisches Dogma machen muß, so marschieren doch nun — falls man sie sich nicht in ruhiger Besonnenheit vorher zum Bewußtsein gebracht hat — gegen die freudige Zuversicht der Entwickelungsfrohheit die schweren Gegengedanken auf, welche auf die unabänderlichen Unlustmomente des Lebens aufmerksam machen und die Entwickelung von der Glückseligkeit hinweg bloß auf die Fortschritte in der Intelligenz übertragen. Freilich wird wohl ein so ausschließliches und ausdrückliches Widerspiel zwischen fortschreitender geistiger Entwickelung einerseits und Glückseligkeit anderseits auch nicht stattzufinden brauchen, wenn die Erziehung der jungen Geschlechter die nicht so sehr verwickelten Hauptbedingungen des Glückes von früh auf in Erfüllung bringt und in Fleisch und Blut der jungen Generation zu übertragen weiß.

Troels sucht danach, welchen Vers sich nun einstweilen seine durch den Gedanken U ganz aus den Gleisen geratene Menschheit auf ihr eigenes Dasein machen solle, um aus ihrer Betäubung vorläufig einmal wieder etwas zur Ruhe zu kommen. Er rechnet hierher auch den tröstlichen Gedanken, daß jeder doch einen ganz bestimmten Platz in der Entwickelung auszufüllen habe. Dieser Gedanke aber ist von dem Gedanken U gar nicht abhängig, er taucht auch schon aus dem Druck der ungeheuern Ueberlegenheit des gesamten menschlichen Getriebes über jeden Einzelnen tröstlich hervor: „Jeder ist doch auch ein Mensch; Wenn er's recht gewahret, Sieht er, daß Natur an ihm Wahrlich nicht gesparet." Er leidet aber auch wieder eine beträchtliche Abschwächung durch den Inhalt des so oft mit Ueberzeugung gesprochenen Wortes: „Unersetzlich ist niemand." Die richtige Mitte wird sein, daß der Mensch durch gute und tüchtige Ausfüllung seines Platzes sich die Zuversicht, daß er doch wenigstens schwer zu ersetzen sein würde, recht wohl verschaffen kann, und für manche besonderen Verhältnisse, wie der Eltern, der Ehegatten, erprobten Freunde von sehr ausgeprägter Eigenart gilt die Unersetzlichkeit doch nahezu vollständig.

(Zu Kap. II, III, 2.) Troels macht sich dann selber wieder die Einwendung, daß dem Menschen die Gewißheit seiner Hoffnungsgedanken entschwunden sei. In der vorigen Weltepoche habe sie beruht auf dem Glauben an Gottes Offenbarung; der Gott aber — so muß man weiter zwischen den Zeilen lesen —, der dem Gedanken U entspricht, ist ein ganz anderer, als der in der früheren vermeintlichen Offenbarung auftritt; mit jener Offenbarung kann es also nichts gewesen sein: der Gott ist nur ein Widerschein, eine Projektion des eigenen Wesens des Menschen, damals des ohne den Besitz der kosmischen Einsicht noch so bornierten Menschen, jetzt aber auch des Menschen, wie er sich schüttelt mit Gedanken, die seine Seele nicht erreichen kann. Mit dieser Instanz der Ungewißheit gerade den Entwicklungsgedanken ertöten zu wollen, das kann Troels im Ernst doch kaum einfallen. Denn die Entwickelung liegt in Natur und Geschichte nach dem jetzigen Stande der Wissenschaft doch als eine Thatsache klar vor Augen, als eine Thatsache von ermutigender Erfreulichkeit nur in den Grenzen, an die wir eben erinnert haben. Aber das ist ganz recht, daß der Schmerz der heutigen Weltanschauung darin liegt, daß sie sich des Ursprungs ihrer Inhaltsmomente aus dem suchenden und tastenden menschlichen Geiste bewußt sein muß, während die des vorigen Weltalters des Glaubens lebte, daß ihre eigenen Inhaltsmomente einer viel höheren Instanz, der absoluten Instanz fertiger und bestimmter göttlicher Offenbarung, entstammten. Es ist zunächst ein großer Unterschied, ob ein Geistesinhalt als direkt von der allweisen und unfehlbaren Gottheit geoffenbart gedacht oder ob er nur insofern mittelbar auf die höchste Instanz zurückgeführt wird, weil er vom menschlichen Geiste aufgestellt wird und dieser in seinem Wesen, seiner Einrichtung und seinen Schranken nicht wohl anders als aus den letzten Weltprinzipien erklärt werden kann. Denn der menschliche Geist kann nach aller Erfahrung auch irren und sich Wesen, Zustände und Verhältnisse als seiend vorstellen, die in Wirklichkeit nicht existieren und in denen er nur eine Phase seines eigenen Wesens als ein rein subjektives Gebilde aus sich hinauswirft. Das ist nun in der That „das Schmerzliche" moderner Vorstellungen eines neuen Glaubens, daß man ihrer Zusammenhänge mit dem sie hervortreibenden Menschengeiste bewußt bleiben muß und ihren Inhalt nicht als unabhängig von allen menschlichen Meinungen gegeben ansehen kann. Wenigstens alle solche Vorstellungen haben das an sich, die sich nicht streng wissenschaftlich rechtfertigen lassen. Und so kann es nun auch dem Inhalte des alten Glaubens ergehen, daß er hochgeschätzt und geliebt, aber doch als „metaphysische Dichtung" erkannt wird. Es ist ein von E. v. Hartmann und vorher schon von Friedrich Ueberweg schonungslos aufgedeckter Irrtum Fr. A. Langes und derer, die es mit seiner Schlichtung zwischen Glauben und Wissen halten, daß ein als „metaphysische Dichtung" aufgefaßter Glaubensinhalt auf den Gesamtmenschen dieselbe Wirkung ausüben könne wie ein solcher, der als wirklich so seiend hingenommen wird. Das ist der reinste Selbstbetrug: die „Gottesidee" kann nimmermehr für den Menschen das sein, wie der Gott selbst, der als seiend und waltend geglaubt wird und im Menschenherzen, mag er so sein oder nicht, als so seiend seine Wirkung übt. Wer ehrlich ist und den Sachverhalt bis auf den Grund durchdenkt, der kann in der That nur, wie Troels mit Recht urteilt, mit Schmerz einem Gedankeninhalt gegenüberstehen, den er liebt und als seiend wünscht, aber als subjektives Gebilde seiner tastenden und suchenden Seele anerkennen muß und für dessen wirkliche Existenz er die Gegengründe oder wenigstens starken Zweifel bedingende Momente in klarer Verstandeserkenntnis besitzt. Das bewußte oder vor dem eigenen inneren Sinn als solches nicht zu verbergende Spiel mit „metaphysischen Dichtungen" kann nimmermehr dasselbe leisten wie der ungebrochene Glaube; es ist durchsetzt mit Wehmut und dem Gefühl des Zwiespaltes zwischem dem, was man als so seiend wünscht und dem, dem man die höhere Wahrscheinlichkeit, sich wirklich so zu verhalten, zuerkennen muß.

(Zu Kap. II, III, 3). Trotz alledem, so fährt Troels fort, glauben wir doch. Vorzüglich! — vorausgesetzt nur, daß er dabei nicht an den Glauben denkt, den eben nicht mit der gewissen Zuversicht, der dem Glauben eigen ist, hegen zu können, der Schmerz war, sondern an irgend welche Art von etwaigem neuen Glauben, die diesen Namen verdient. „Wir können vergessen", das ist hier ein Zusatz, der gewiß zur Sache ist: denn die Bedenken, immer im Mittelpunkte der Aufmerksamkeit gehalten, würden eben einen Glauben nicht aufkommen lassen, und dieses Vergessen (bis zu einem gewissen Grade) ist eben so sehr menschlich und eine Vorbedingung, wenn es zu etwas Festem kommen soll. Sehr wunderlich verirrt sich aber bei Troels eben hier die Nuance des Gedankens herein, „daß wir an eine Welt um uns glauben". Denn von erkenntnistheoretischen Bedenken, aus der Subjektivität heraus zum Ding an sich gelangen zu können, war ja nicht im entferntesten die Rede gewesen. Hat Troels etwa hier den ganz richtigen Gedanken, daß eine unendliche Welt keine Welt, kein Kosmos, mehr sein würde, da sie sich als eine geordnete Einheit nicht denken läßt? Dann haben seine Worte Sinn, aber nicht die genügende Deutlichkeit. Vortrefflich aber erhebt sich der Gedanke zu der weiteren Bestimmtheit, daß von einer Offenbarung Gottes auch noch in der neuen, zweiten Weltepoche die Rede sein kann, in modifiziertem Sinne nämlich: die direkte kommt durch ihren Gott, der sich unserer neuen Erkenntnis zuwider immer auf die kleine Erde als den Gegenstand seiner Sorge beschränkt, ins Wanken, aber das sinnvolle Lauschen auf uns selbst und Schauen in die Welt, und die methodische, wissenschaftlich zu rechtfertigende Durcharbeitung des daraus gewonnenen Stoffes zu festen Resultaten, als den jedesmaligen Vorstufen zum Höherschreiten, darf mit Recht auch eine (mittelbare) Offenbarung Gottes genannt werden, falls sie nur ihren Unterschied gegen die früher geglaubte unmittelbare nicht außer Acht läßt.

(Zu Kap. II, III, 4.) Wenn Troels nun den Kern eines dem kosmischen Gedanken gegenüber haltbaren religiösen Gefühles in dem Glauben an die Allgegenwart Gottes findet, der auch in der Entwickelung jedes Einzelnen anwesend sei und in dessen Gegenwart alles geschehe, so kommt er damit auf einen religiösen Grundgedanken zurück, der ja schon uralt ist und der christlichen Religion mit modernen Religionsansätzen pantheistischen oder monistischen Charakters gemeinsam. Es ist nicht abzusehen, wieso denn gerade von der durch den kosmischen Gedanken erregten ersten Erschütterung aus die erste Beruhigung in diesem Glaubenspunkte geschaffen werden sollte. Soll etwa der Gedanke U den Glauben an die Allgegenwart Gottes besonders erleichtern? Im Gegenteil erschwert er ihn eher dem natürlichen Verstande, vor dem sich nun die Stätten dieser Allgegenwart so ungeheuer vervielfältigen, daß er eher kleingläubig gegen diesen alten Schatz des religiösen Bewußtseins werden möchte. Er braucht aber, die Offenbarung Gottes also aus der Welt schöpfend, nur das richtige Verhältnis zwischen der neuen, nunmehr unendlichen, Welt und dem ihr entsprechenden Gott zu konzipieren, um sich auch in der für ihn durch den Gedanken U erneuerten Welt jenes uralten religiösen Grundgefühls mit Ueberzeugung von seiner Wahrheit erfreuen zu können, und der Gottesgedanke hat aus dieser Konsequenz des Denkens nur gewonnen. Das aber ist nicht abzusehen, wieso gerade von der Seite des kosmischen Gedankens her die Entscheidung über die alte und die neue Auffassung der dem Theismus und dem Pantheismus zunächst gemeinsamen „Allgegenwart Gottes" sollte fallen können, hinsichtlich deren theistischer oder pantheistischer bestimmteren Fassung Troels im ungewissen schillert, der in einem Atem Wendungen von ihr gebraucht, deren eine der alten theistischen, deren andere der neuen pantheistischen Konzeption entspricht. In der ersteren ist ein persönlicher, sittlicher Gott sehenden Auges, bewußt allen menschlichen Gedanken und Handlungen, als ihr Richter, zugegen — was hier die Hauptsache ist, trotzdem er ja auch „alle Dinge mit seinem kräftigen Wort trägt"; — in der anderen ist Gott — nicht ein sittliches, sondern ein „übersittliches" Wesen, da Sittlichkeit erst auf der Stufe der Menschheit eine sinnvolle Idee wird — als allgemeines Weltsubjekt, als der wahrhafte Träger und die alleinige Sustanz alles Wirklichen, aller objektiven Realität, als der Wesensgrund ihrer objektiven Erscheinung zugegen. Welche der beiden Auffassungen die neue Menschheitsepoche sich aneignen soll, das erscheint doch nicht so sehr von dem äußeren Momente des hinzukommenden Gedankens U, wie von den inneren Momenten der Kontroverse über den Gottesbegriff abhängig, die zwischen Theologie und Philosophie schon lange ohne wesentlichen Einfluß gerade des kosmischen Gedankens besteht. Das höchste Analogon der in theistischem Sinne gedachten Allgegenwart Gottes ist etwa ein zugleich lesender und diktierender Caesar oder ein, wie man sagt, in allen Angelegenheiten seines Reiches „gegenwärtiger“ großer Monarch; scharf besehen ist aber dieses an vielen Punkten zugleich Geistiggegenwärtigsein natürlich doch nur die Fertigkeit und Uebung in ungewöhnlich raschem Wechsel und Uebergang; und es findet nur statt auf der Naturgrundlage eines fein entwickelten Menschengehirns, des höchstorganisierten Naturgebildes, das wir kennen. Wenn der Theismus es fertig gebracht hat, die Allgegenwart Gottes in seinem Sinne als möglich und wirklich zu denken, ohne jede Naturgrundlage und für den Umfang von über 1000 Millionen Menschenseelen in allen ihren immerfort fließenden Regungen, dann hat er jenes Erfahrungsanalogon schon so sehr ins „Unendliche“ vervielfacht, daß ein den vernünftigen Wesen ungezählter Planeten immerfort gegenwärtiger Gott prinzipiell keinen Unterschied mehr dagegen ausmacht. Die pantheistische Immanenz Gottes aber in allen Zeitmomenten und räumlichen Punkten der Welt hat entweder gar kein Erfahrungsanalogon, weil sie eben der einzige, alles umfassende Fall ist, oder sie hat ihre Bestätigung in jedem Atemzuge, den wir thun, und jedem psychischen Moment, den wir erleben, weil das alles Vorgänge sind, die ohne unser Wissen, wie wir es machen, also nicht ohne göttliche Assistenz, ohne unser Wurzeln im letzten Seinsgrunde, vor sich gehen. Die allgemeine Gotteskraft, die uns subsistiert, kann ebenso gut den lebendigen Wesen unbegrenzt vieler Erden und diesen und ihren Sonnen auch noch subsistieren. Troels scheint mir also nach der „Gegenwart des Höchsten“, nach dem Walten Gottes in unserem Wachstum, unserer Entwickelung nicht als nach einem neuen, spezifisch durch den Gedanken U gegebenen Anker zu greifen, sondern nach einem Anker, der, so oder so, schon immer dem Menschen als der beste Halt in Geistesnöten vorgeschwebt hat. — Daß Troels hier auch die Existenz eines Teufels ausdrücklich verneint, kommt uns sehr wunderlich vor, weil die größte Zahl von uns nicht mehr in der Furcht vor dem Teufel zu leben pflegt. Es ist aber aus dem Ganzen des Troelsschen Buches begreiflich, teils weil dieses (S. 189—197) höchst eindrucksvoll nachgewiesen oder daran erinnert hat, wie gerade in den letzten Menschenaltern vor dem Anbruch der Troelsschen zweiten Epoche der Teufelsglaube (mit seiner Folge, den Hexenprozessen) in bisher ungeahnter und wahrhaft furchtbarer Weise aus schattenhafterer Peripherie in den Mittelpunkt der Glaubensvorstellungen, namentlich der protestantischen Völker, getreten war; teils, weil in ihm (S. 40—45, vgl. 95. 161) jeglicher Teufelsglaube auf Erden auf die altpersischen Religionsvorstellungen, als auf seinen Ursprung zurückgeführt war. Jene Religionsvorstellungen des Zend Avesta aber hat Troels, wie alle übrigen, auf ihren Zusammenhang mit dem „Himmelsbild" verfolgt, und somit konnte er eben hier der Existenz des Teufels ihr Grab bereiten, — übrigens doch nicht eigentlich aus dem kosmischen Gedanken als solchem heraus, sondern schon aus dem kopernikanischen von der Achsendrehung der Erde, die das Dunkel zu einer natürlichen und räumlich beschränkten zufälligen Erscheinung macht. Eine direkte Offenbarung Gottes und eine Beglaubigung der Existenz des Teufels durch diese ist für Troels von vorn herein eine ihm gänzlich ungeläufige Vorstellungsweise, und zwar auch schwerlich aus dem Gedanken U heraus, sondern schon im Anschluß an die geschichtliche Denkweise unserer Zeit. Troels läßt keine der religiösen Glaubenswelten von oben her durch Offenbarung sich herabsenken, sondern alle von unten auf ganz natürliche Art sich bilden, wobei ihm die intellektuelle Seite der Volkscharaktere als der wichtigste Nährboden für die besonderen Religionen erscheint, als wesentliche Bedingung der Ausbildung dieser Charaktere aber, der Aufgabe, die er sich gestellt hat, gemäß, das jedesmalige „Himmelsbild" vor allem betont wird. So ist ihm z. B. die Dreieinigkeit durchaus altägyptischen Ursprungs (S. 72. 156 f.); oft reißt ihm freilich der Faden des Himmelsbildes ab, und mehr die irdische Natur der verschiedenen Länder und Erdzonen tritt dann als der Erklärungsgrund der

Religionsgestaltungen in den Vordergrund. Die Konstruktion der Person Jesu (S. 140—148) erinnert aufs stärkste an Renans Leben Jesu. Wenn man aber Troels fragen würde, warum denn bei der von ihm ausgemalten so großen Abhängigkeit der Gesinnung, der Gedankenwelt und der Lehren Jesu von der galiläischen Landschaft nicht viele ihm ähnliche Galiläer aufgestanden seien, würde er antworten, daß er natürlich auch den inneren Faktor der Einzigkeit des Genius und großer weltgeschichtlicher Persönlichkeiten nicht verkännte. —

(Zu Kap. II, III, 5.) Weiter empfiehlt nun Troels ein liberales Verhalten im Urteil über unsere Mitmenschen, vor allem aber offenbar auch über die Mannigfaltigkeit der geistigen Erscheinungen und Strömungen, als die richtige Gesinnung der neuen Zeit, mit der wir ihrem uns noch belastenden Dunkel mindestens eine wichtige neue Tugend zum Angebinde mitbringen. Man glaubt die Gesinnung des Spinozistischen neque deflere neque irridere, sed intelligere oder des „tout comprendre c'est tout pardonner" ganz deutlich herauszuhören. Die vernünftige Kehrseite davon, nämlich, daß man Gut und Böse in allen ihren Erscheinungen und Verzweigungen scharf erkennen und von einander unterscheiden muß, und die taktvolle Vereinigung beider Gesinnungen durch das — nach einer Anekdote — Aristotelische οὐ τὸν τρόπον, ἀλλὰ τὸν ἄνθρωπον tritt nicht hervor, aber daß man auf Menschen und Parteien zwar einzuwirken suchen, aber sie doch als gegeben hinnehmen muß, weil hinter ihnen nicht nur der — zu beeinflussende — Verstand, sondern — unabänderliche — ganze Menschennaturen stehen, das ist eine sehr wichtige und, soweit sie überhaupt aufgegangen ist, sehr moderne Einsicht. Daß die Jugend „bis zum zwanzigsten Lebensjahr", ein jeder also, bevor er in die Ausbildung für seinen besonderen Beruf eintritt, „die Entwickelung der früheren Geschlechter durchlaufen soll", vernimmt man gern als den entscheidenden Grundgedanken der modernen geistigen Erziehung, und wer das klassische Altertum für eine ganz wesentliche Stufe, ja die Grundlage dieser Entwickelung anerkennt, freut sich herzlich, von einem Nordländer der Gegenwart mit der großen allgemeinen Wahrheit auch diese ihm nicht am wenigsten am Herzen liegende

Folgerung anerkannt zu sehen. Der heranwachsenden Jugend gegenüber wird Vergönnung der Freiheit und Gewährenlassen der Individualität außerhalb der gemeinsamen pflichtmäßigen Arbeit, dagegen strenge Zucht innerhalb des Pflichtkreises die richtige Vermittelung zwischen dem Prinzip der Liberalität und der Autorität sein. Aber wie verknüpft nur das alles Troels mit dem letzten und wichtigsten Teil seiner Aufgabe, eine erste neue Orientierung der Menschheit nach ihrer Erschütterung durch den kosmischen Gedanken zu skizzieren? Einen unmittelbaren Zusammenhang hat beides offenbar nicht mit einander. Nun, ihm wird vorschweben, daß die Krisis nicht nur darin besteht, daß man sich positiv mit einem ganz Neuen in Einklang zu setzen hat, sondern auch darin, daß das Alte mittelbar durch den die Krisis schaffenden Gedanken U in seiner Geltung aufs schwerste bedroht wird. Weil nun das Alte nicht mehr eine richtige Lebensführung gewährleisten kann, so muß man sich eben nach einer neuen, plausibelen Norm für diese umsehen, und da greift Troels nun auf regelnde Grundsätze, die keineswegs aus der positiven Seite des kosmischen Gedankens fließen, aber doch der allgemeinen liberalen Gesinnung, die auch allein mit dem kosmischen Gedanken Ernst macht, entsprechen und als ein wesentliches Merkmal derselben aus dem Zeitgeist aufgegriffen werden können.

Das „Mitleid", das nun plötzlich bei Troels hereinschneit, ist gewiß eine Reminiscenz der Schopenhauerschen Ethik, aber wird ganz überraschend im Zusammenhang mit dem kosmischen Gedanken gebracht durch die Definition, daß es das Gefühl vom Schmerze des Endlichen über seinen Abstand vom Unendlichen sei. Dies Gefühl soll das Treibende in der Entwickelung sein. Ich weiß doch nicht, was es soll, dem so klaren Begriff des Mitleides diese neue Wendung zu geben. Sollte einmal das fremde Leiden den Schmerz über die „Endlichkeit" des Leidenden zum Inhalt haben, so würde in diesem Falle das Mitgefühl mit diesem Schmerz allerdings der neuen Troelschen Definition des Mitleids entsprechen. Aber für die große Ueberzahl der Fälle stimmt das doch nicht. Dem Schopenhauerschen Moralprinzip des Mitleides als einer Grundlage des sittlichen Lebens ist von E. v. Hartmann (Sittl.

Bewußtsein, Zweite Abteilung, II, 6) auf das siegreichste und überzeugendste seine große Einseitigkeit und Mangelhaftigkeit nachgewiesen. Warum jetzt also dieses Prinzip festhalten, oder vielmehr ein neues unter seinem unberechtigten Namen einführen, gleich als ob dieser Name ein Unterpfand des richtigen Weges wäre? Troels sollte doch offen und unzweideutig davon sprechen, daß ein Streben der Vervollkommnung seiner selbst und der menschlichen Zustände tief in der menschlichen Natur liegt und daß dieses Streben ein sehr guter Anfang für den durch den Gedanken U scheugewordenen Menschengeist sei, um zu einer neuen Bahn in einem neuen Menschheitsalter Zutrauen zu gewinnen. Das Moralprinzip der Vervollkommnung ist von E. v. Hartmann (a. a. O. zweite Abteilung I, 4) keineswegs so gut und zutreffend kritisiert wie das des Mitleids. Es ist und bleibt ein Licht und Stern der Menschheit. Dieses vielmehr ist es, was Troels vorschwebt wo er von „Mitleid" spricht: sein wahrer Gedanke trifft sehr zusammen mit den schönen Ausführungen Leuchtenbergers in dessen populärem Büchlein: „Hauptbegriffe der Psychologie" über „Ideen und Ideale", S. 107—113. Leuchtenberger spricht dort aber ganz offen und sachgemäß von dem „Gesetz der Vollkommenheit, das in der Menschenseele lebt".

Die Frage „der Menschheit als großer Brüderschaft", die dann weiter bei Troels in seinem Fortschreiten über das Prinzip des „Mitleids" als das Bewußtsein der neuen Menschheitsepoche beherrschend auftaucht, ist gewiß aus der Erfahrung, aus dem unmittelbarsten Umblick in die Welt aufgenommen. Denn in der That strahlt der Menschheitsgedanke der Gesinnung der modernen Menschen und den echtest modernen Bestrebungen der Völker aus allen Poren, und der „nationale Gedanke" ist teils nur eine nicht auf die Dauer übermächtige Reaktion gegen denselben, teils hat er sich mit ihm in ein durchaus mögliches, vernünftiges Verhältnis gesetzt, in welchem beiden Gedanken das jedem von ihnen gebührende Recht zu teil wird. Es klingt zwar vielleicht manchem seltsam, den Menschheitsgedanken gerade der neuen Menschheitsaera zu vindizieren, da doch das Christentum die Idee der Brüderlichkeit der Menschen und der Einheit des Menschengeschlechts, wenigstens im Abendlande, in die Welt gebracht hat. Aber im

Christentum ist dieser Gedanke doch weniger Selbstzweck als im Gefühl der modernen Völker, soweit sie modern sind, im Christentum ist er mehr nur eine Vorbedingung für die Universalität, in der die jenseitliche Rettung aller Menschen zum höchsten Ziel genommen wird, und giebt er einen Bethätigungsstoff für den in der Liebe eben thätig werdenden Glauben. Das umfassende diesseitig gesonnene Menschheitsinteresse ist modern und wird nur von gewissen Seiten her fälschlich in das Christentum als dessen ursprüngliche Tendenz hineingedeutet. Hängt nun aber die „Frage der Menschheit" mit dem kosmischen Gedanken zusammen? Ich glaube doch wohl — wie das auch Troels annehmen wird —, wenn auch nicht gerade klar bewußt. Wenn im Verhältnis zum Sternenhimmel nun alles klein erscheint, so wird sich doch das Bestreben daran knüpfen, den Horizont der menschlichen Bestrebungen doch wenigstens möglichst weit zu ziehen. Völker und Fürstentümer genügen nun nicht mehr dem Drang ins Weite: was sich von unserer Art auf der Oberfläche des ganzen Planeten regt, das soll es nunmehr sein, was von unserem Interesse umfaßt wird.

Von dem „Mitleid" und dem Gefühl für die Menschheit als Brüderschaft kommt Troels weiter zu dem Stichwort der „Liebe". Die Liebe soll keinen Lohn fordern. Da ist denn doch wahrlich nicht geschieden zwischen Liebe und Liebe. Was bei allen Völkern dem natürlichen Gefühle gemäß so genannt wird, das fordert denn doch wirklich seinen Lohn, es ist ein Gefühl des Hungers und Durstes nach eigener — oft nur erträumter und ad absurdum geführter — Glückseligkeit. Die Liebe, die vielleicht jenseitlichen Lohn fordert, ganz gewiß aber auf diesseitigen verzichtet, ist im echten Christentum so über die Maßen großartig zur Wirklichkeit geworden, daß die egoistische menschliche Natur unzweifelhaft durch die aus dem echt christlichen Glauben entbundenen Ideeen muß überwunden werden können. Das bringt die geheimnisvolle Liebe Gottes oder der Glaube, in „der Ordnung der heilig machenden Gnade" zu stehen, fertig, und es soll doch erst noch die Probe darauf gemacht werden, ob die nicht durch die Liebe Gottes hindurchgehende Liebe zur Menschheit als solcher die gleichen Früchte zeitigen kann, ob z. B. kommunale Krankenpflegerinnen dasselbe leisten können, wie christliche barmherzige Schwestern. Die Menschheit ist doch eben nicht liebenswürdig genug, um solche Seelenkräfte für ihren Dienst frei machen zu können, wie es die Liebe Gottes thatsächlich vermag, weil Gott seinem Wesen nach in voller Strenge eben als „höchstes Gut" aufgefaßt werden kann, die Menschheit aber nicht. Der Liberalismus, der bei der Menschheit als seinem höchsten Gegenstand stehen bleibt und allenfalls eine bloß naturalistische Liebe Gottes kennt, wird schwerlich eine Liebe zur Menschheit entfesseln können, die der christlichen Menschenliebe gewachsen ist. Das aber muß der Wahrheit zu Ehren gesagt werden, daß E. v. Hartmanns „Religion des Geistes", aus ihrem begrifflichen System in lebendige Menschengesinnung übersetzt, ein gleich Vollkommenes an Menschenliebe, wie das Christentum, aus innerem Zwange ihrer Gedanken wohl aus sich hervorzutreiben vermöchte, weil die Menschheit in ihr gar nicht von Gott zu trennen, sondern nur die Erscheinung seines Wesens ist. Der „Gottesschmerz" und der „das Kreuz des Seins tragende Gott", der mit der Wesenswurzel unseres erscheinenden Seins identisch ist, hat allerdings die Kraft, die allerhöchste Aufopferung des Menschen im Dienst der Menschheit lebendig zu machen. Aber von dieser Auffassung hat Troels keine Ahnung, und wie wenige haben sie kennen gelernt und verstanden! Der von Paul Nerrlich erhofften und prophezeiten Religion der in verstandenes Menschengefühl umgesetzten Hegelschen Philosophie hingegen ist diese Kraft doch nicht zuzutrauen: denn wenn der Inhalt des Seins göttlich, herrlich, wenn er die Wirklichkeit gewordene Idee der ewigen Vernunft selber ist, welchen Antrieb soll da die Liebe noch haben, das Göttliche noch göttlicher zu machen?

„Gott ist die Liebe" möchte endlich Troels noch aus der bloßen Frage nach der Abstammung menschlicher Liebe herausgewinnen, wenn auch als ein sehr problematisches Urteil. Der Satz wird bisweilen in blinder Umschmeichelung der Erscheinungen der natürlichen menschlichen Liebe namentlich bei geistlichen Gelegenheitsreden, die den von Nachgedanken freien Anwesenden für Honorar nach dem Munde sprechen, dahin mißdeutet, daß die Liebe — die ziemlich sporadischen Erscheinungen, die sich im vollen Sinne so nennen lassen — zum Subjekt des Satzes gemacht wird und nun gedankenlos gesagt wird, diese Liebe, diese Fälle von Liebe, sei eben Gott (Prädikat des Satzes). Als ob diesen Erscheinungen Substantialität zukäme, die doch das notwendigste Moment für einen seienden Gott ist! Vernünftigerweise kann der Satz nur heißen, daß von Gottes Eigenschaften die höchste, die centralste, die Liebe sei. Das kann dann aber nicht anders als aus „der Offenbarung Gottes in der Welt" auf seine Richtigkeit geprüft werden, und da erheben sich doch schwere Gegeninstanzen, wie Troels auch herausfühlt. Begrifflich aber setzt die Liebe ein Anderes (θάτερον) voraus, auf der Stufe des tiefsten Wesens aber verschwindet das Andere, erst in der objektiven Erscheinungswelt tritt es ein, von Erscheinungswesen zu Erscheinungswesen. Troels also wird doch wohl ganz recht haben, wenn er diesen alten großen Gedanken nur sehr zweifelnd und tastend in die neue Menschheitsepoche herüberzuziehen wagt.

(Zu Kap. II, III, 6.) „Entwickelung, das ist der Kern der neuen Anschauungsweise": das stimmt zur geistigen Wirklichkeit; wenn aber Troels zur „Entwickelung" noch die beiden neuen Thesen hinzufügt: „unendliche Welt, unendlicher Gott", so stellt er damit hin, was er eben selber anregt und höchst begründeter Weise in den Mittelpunkt des Interesses seinerseits einmal hineinzieht, aber nicht sowohl was thatsächlich das geistige Leben so sehr bewegt hat, seitdem von dem Vöglein die Weltschale aufgepickt ist.

„Warum das Dasein ist, wie es ist, warum so schmerzvoll" — das ist eben die uralte Hauptfrage aller Philosophie, ihre ewige Erregerin, und diese Frage wird von der Erfahrung des Menschen auf diesem einzigen Planeten so furchtbar nahe gelegt, daß sie durch den kosmischen Gedanken wohl verschärft, aber nicht wesentlich alteriert oder gar neu aufgeweckt wird. Die größten Namen der Geistesgeschichte der Vergangenheit sollen von dieser Frage nicht den Zipfel des Schleiers zu lüften vermocht haben. Von Sokrates trifft das zu, der höchstens aus Zutrauen zu der immanenten Klarheit der begrifflichen Zurechtlegung der Sache die Antwort darauf hatte, daß die Gottheit die Weltbildung als das Bessere gewollt haben müsse, aber auf die Instanzen der Wirklichkeit dagegen nicht einging. Buddha hat sich doch aber von einer unglücklicher und vernunftloser Weise erfolgten Bejahung des Weltwillens, von dem wieder gutzumachenden Heraustreten des Absoluten aus seiner vorweltlichen Stille und seligen Selbstgenügsamkeit Gedanken gemacht, die schon sehr an die Gedanken Schopenhauers und E. v. Hartmanns über den Ursprung der Welt, gerade dieser Welt, erinnern. Diese letzteren Gedanken kennt aber Troels nicht, und dennoch lüftet doch vielleicht wenigstens die E. v. Hartmannsche Auffassung einer Willensbejahung, bei welcher die Vernunft nicht beteiligt gewesen sei, aber eines mit seinem Beginn sogleich verbundenen Eintritts des Weltprozesses unter die Herrschaft der Vernunft einigermaßen den Schleier über den aus Leid der Gefühlszustände und aus Vernünftigkeit seines Inhaltes so wunderbar gemischten Charakter dieser Welt. Bleiben übrig „Jesus und Giordano Bruno". Jesu Predigt ging so ganz auf Buße um der Vorbereitung für das nahe herbeigekommene Himmelreich willen, daß die theoretische Erklärung des leidvollen Charakters der dem Himmelreich vorhergehenden Periode der natürlichen Welt dagegen in den Hintergrund tritt: das nahe bevorstehende Himmelreich gab eben keine Veranlassung mehr zu der Frage. Die Sünde des Stammvaters der Menschen im Paradiese und aller seiner Nachkommen wird wohl als die Ursache alles Bösen und Uebels von seinem in der alttestamentlichen Ueberlieferung lebenden und webenden Geist vorausgesetzt; und die Sünde — die eben dadurch aber aufhört, Sünde zu sein und nur zu einer sozusagen unbedachten Willensbejahung wird — aus der Schöpfung und dem Geschöpf hinaus auf den weltsetzenden Urvorgang im Absoluten zu beziehen das liegt hier ganz fern. Giordano Bruno aber schwelgt so sehr in der an der Welt neu entdeckten Seite ihrer Unendlichkeit, daß darüber der Gefühlszustand des Seienden an Lust und Unlust aus seinem eigensten Gesichtskreise gerückt wurde.

„Warum eine Entwickelung, welche sich so spät und schmerzhaft ihrem Ziele nähert?" — ja, da trifft Troels einen Punkt, welcher, wie nur einer, brennende Schmerzensstrahlen ins Gemüt entsendet und die Freudigkeit, die sich mit dem Entwickelungsgedanken verbindet, lähmt und trübt, zumal, wenn man den anderen Gedanken hinzunimmt: Warum so viele für die Entwickelung verlorengehenden Blütenkeime, warum bei ihrer Arbeit ein so unsägliches Mehr von Sägespänen als bei jeder Tischlerarbeit? Hier ist ein Punkt, an dem ich auch E. v. Hartmanns großem Evolutionismus immer ohne Befriedigung gegenüberstehe. Er läßt aus reinen Begriffen heraus eine dahingehende Ueberzeugung merken: Finalität ist nur die von der anderen Seite her angesehene Kausalität; kausal muß alles einzelne Geschehen bedingt sein, was ja unwidersprechlich ist: folglich ist alles auch final, als integrierendes Moment zur Erfüllung des Weltzwecks, bedingt. Aber die Zweckmäßigkeit sollte sich auch auf die unaussprechliche Ueberfülle des wirklich Gleichgiltigen — des, ob es nun gerade so oder so im Weltlauf vorkommt, für diesen gar keinen Unterschied Ausmachenden — erstrecken? Oder wo sollte die Grenze liegen zwischen dem wesentlich Zweckmäßigen und dem durch ferne Beziehungen und Verbindungen immerhin mittelbar noch an der Zweckmäßigkeit Teilhabenden? In der Wirklichkeit fühlt sich das alles so trostlos unfaßbar an, was die reine Begriffserörterung als eine Wahrheit zudiktiert. Und auf die Beklemmung durch den Gedanken an die Langsamkeit der Entwickelung giebt es nur eine schwache und armselige Beruhigung: Es muß wohl eben nicht schneller möglich sein, bei der im einzelnen nicht im mindesten zu verstehen ist, warum nun gerade alles das auch als Moment in der Entwickelung mit notwendig war. Allerdings giebt es außer jener unbefriedigenden Beruhigung mit einem Urteilssatze, dem seine Verzichtleistung auf eine wirkliche Erklärung auf der Stirn geschrieben steht, doch auch noch eine sehr wirkungsvolle Aufforderung, um die Beklemmung zu bekämpfen; sie lautet für jeden: Mache für deine Person die Entwickelung nicht langsamer, als es in deiner Macht steht, entschließe dich, wenn du fühlst, daß zur Reife des Entschlusses eigentlich nichts mehr hinzukommen kann.

„Eine Antwort auf alle diese Fragen, wird die Menschheit immer suchen müssen" — ich habe es auch immer so angesehen und, wie offenbar auch Troels, in dieser Sisyphusaufgabe die Ehre der Menschheit und die wichtigste Angelegenheit des Lebens erblickt. Da wirft aber ein neues großes Buch, Heinrich v. Schölers „Kritik des wissenschaftlichen Erkennens", einen Stecken zwischen die Speichen: es findet, die wissenschaftliche Erkenntnis sei doch weit ungewisser als man gewöhnlich annehme, mit unauflöslichen Schwierigkeiten seien alle Problemlösungen noch immer an ihrem letzten Grunde behaftet; und läßt nun, höchst merkwürdig für ein deutsches wissenschaftliches Buch, die Mahnung ertönen, man solle mehr im Familienleben und praktischer Thätigkeit als im wissenschaftlichen Forschen, welches allgemein überschätzt werde, seine Befriedigung suchen. Es ist aber doch der alte Ruf von der anderen Seite der menschlichen Natur und der anderen Parteiung der menschlichen Persönlichkeiten her, welcher die Forderung erhebt, im echt Menschlichen zu leben und nicht die menschlichen Grenzen durch Wissenwollen des dem Menschen zu wissen ewig Versagten zu überschreiten. Daß das für gewisse Naturen doch nicht angeht, dafür erheben sich auf der erkenntnisbegierigen Seite des menschlichen Wesens zu allen Zeiten Stimmen von solcher Eindringlichkeit selbsterlebter Empfindung und solcher überlegenen Autorität, daß jene entgegengesetzte Mahnung doch nur für die invita Minerva aus schlechtem Ehrgeiz und Mangel an Selbstbeherrschung und -bescheidung der Erkenntnis sich Zuwendenden gilt. Troels behält Recht: in der Menschheit *müssen* sich manche aus innerem Zwange mit den Fragen schütteln, die ihre Seele nicht erreichen kann, und dieser Anteil von Naturen färbt doch das ganze Wesen der Menschheit so weit, daß dieser als ganzer das Prognostikon gestellt werden darf, daß sie aus diesen Fragen nie herauskommen werde. Ihre versuchten Beantwortungen werden in der That der „Lebensbeleuchtung" der Menschen einen Anteil ihrer Farbenmischung bestimmen.

Es kommt mir selbst seltsam genug vor, daß ich so einfachen und allgemein faßlichen Gedankenanläufen, wie sie Troels an seine Verkündigung der zweiten Weltepoche knüpft, um doch *etwas* zu sagen auf die eben von ihm sowie noch nie vorher betonte Frage: Was in aller Welt soll die Menschheit nun anfangen, nachdem ihr Dasein durch den kosmischen Gedanken ihr in ein so gänzlich neues Licht gerückt ist? — daß ich solchen Gedankenläufen so Schritt für Schritt gefolgt bin und sie einer so minutiösen Begutachtung unterworfen habe. Um so seltsamer kommt es mir vor, als ich bisher nur ausnahmsweise (dem Platonischen Theaetet 1865, der Kantschen transscendentalen Aesthetik im Ms. 1867, den ersten Kapiteln der damals neuen „Philosophie des Unbewußten“ 1871, der Ciceronischen Kritik der Epikureischen Ethik 1893, den Schillerschen „Göttern Griechenlands“ 1894) eine solche monographische Genauigkeit der Kritik gewidmet und sonst oft größten neuen Büchern nur ganz allgemeine, sich an die größten Hauptzüge haltende Besprechungen zugewandt habe. Ist da ein vernünftiges Verhältnis zwischen dem Gewicht der Troelsschen Gedanken und der doch größerer und innerlich tieferer Denker bewahrt? Die Antwort ist: In Troels' Buch begegnete ich zum erstenmale im Leben (etwa von Mühlenhardt abgesehen) dem Unternehmen, einen Punkt, den kosmischen Gedanken, der sonst fast überall in unglaublichster Weise vernachlässigt ist, zur Hauptsache, zum wichtigsten Moment der ganzen Weltanschauung zu machen. Für mich war er immer die Hauptsache gewesen, von ihm aus war ich zum philosophischen Nachdenken gekommen, ihn hatte ich stets als die Thatsache der Thatsachen, welche der Philosophie ihr empirisches Material geben, festgehalten. Bei solchem ganz einzigen Zusammentreffen mit Troels mußte mir gebührender Weise seine Behandlung der Sache als Ausgangspunkt dienen, und der Mann, der in meinen Augen das Verdienst hatte, das Wichtigste zuerst als das Wichtigste erkannt zu haben, konnte auch beanspruchen, in seinem Versuche, neue Bahn zu schaffen, mit peinlicher Sorgfalt ernst genommen zu werden.

Das Ergebnis ist aber gewesen: Troels hat den kosmischen Gedanken nicht rein präpariert von anderen Momenten, die den Geist einer neuen Epoche in der Entwickelung der Menschheit bestimmen, und hat wichtige — thatsächliche oder doch anfragende und anpochende — Bestandteile der neuen geistigen Lebensfärbung der Menschen so behandelt, als ob sie schon in lebhaftem ausdrücklichen Zusammenhange mit der Erschütterung durch den kosmischen Gedanken ständen. Er hat dem Gedanken nicht stramm und scharf genug ins Auge gesehen, hat vor ihm die Flinte ins Korn geworfen und nicht in Ruhe erwogen, was aus ihm für die Geistesstimmung der Menschen folgt, was wir ihm zugeben und wessen wir uns erwehren wollen. Dabei hat er immer gethan, als ob in der Menschheit schon „Feuer geschrieen" würde über den Gedanken der Unendlichkeit der Welt, der alle früheren Heiligtümer in Flammen setze; während er selber es doch erst ist, der diese Flamme unter den bisher wunderbar lauen und gleichgiltigen Menschen anbläst, indem er dem kosmischen Gedanken, und zwar mit Recht, eine Stelle von solcher alles überragenden Bedeutung anweist, wie kein anderer vor ihm es so ausdrücklich gethan hat. Aufgerissen hat Troels eine Frage von allergrößter Bedeutung, aber in ihrer ersten Diskussion hat er sich allerdings selber von solcher Betretenheit durch sie bewiesen, wie er sie als notwendig und allgemein voraussetzt. Ich glaube, man braucht nicht so viel wie Troels „den Jahrhunderten", also im Grunde genommen doch der Summe gelegentlichen Zufalls, zu überlassen, um dem neuen großen Thatbestand gegenüber eine etwas sicherere Stellung zu nehmen. Die Frage lautet: Welchen Unterschied muß es für das Denken und Fühlen, für die „Lebensbeleuchtung" der Menschheit ausmachen, daß sie sich früher im Mittelpunkt einer endlichen, sich um sie drehenden Welt („auf einem Erdgeschoß, mit dem Keller unten und der Decke drüber)" leben wähnte, jetzt aber weiß, daß sie auf einem Planeten unter zahllosen ähnlichen in der Unendlichkeit lebt, der gehorsam sich selber um eine unter Millionen Sonnen schwingt? Ich habe doch das Gefühl, daß man in aller Ruhe der Erwägung, die man selber am logischen Zügel hält, etwas weiter in der Beantwortung dieser Frage schon jetzt kommen kann als zu dem schwankenden Troste, welcher Troels in seiner Stellung zu dieser Frage eigen ist. Wenn ich selbst versuchen werde, im fünften Kapitel dieser Schrift die von Troels angeregte und meiner Meinung nach dadurch für's erste nicht zur Ruhe kommende Aufgabe bestimmter anzufassen, so möchte ich nur, daß man dabei von meiner bescheidenen Person ganz absähe und in meinem Versuche eine Reaktion der unpersönlichen Menschenvernunft in einem zufällig für eben diese Frage ganz spezifisch interessierten Exemplar erblickte, die auf den erlittenen Stoß zu einem ersten Gegenstoß sich gedrängt fühlt. Andere Gegenbewegungen werden dann schon immer besser ausfallen. Vorher aber ist in einem vierten Kapitel der genaue Sinn und Inhalt des behaupteten neuen (erst drei Jahrhunderte alten) Thatbestandes, der „Unendlichkeit der Welt", sofern er es an sich hat, die Menschheit in die zweite Epoche ihrer Existenz zu versetzen, festzustellen und seine Begründung und das Maß seiner Gewißheit kurz vor Augen zu führen.

Viertes Kapitel.

Der Gedanke der Unendlichkeit der Welt zerfällt, insofern er die Stellung des Menschen zur Welt und die menschlichen Gedanken und Gefühle über eben diese Stellung beeinflußt und in der Tiefe bewegt, in die folgenden Momente:

1. die Erde ist nicht der Mittelpunkt der jährlichen Bewegung der Sonne und der entsprechenden der Planeten, und nicht der Mittelpunkt der täglichen Bewegung der Sonne und sämtlicher Sterne, die sich für jeden Himmelskörper in 24 Stunden in seinem Parallelkreise zum Himmelsäquator vollzieht;
2. die Fixsterne sind Sonnen;
3. die Fixsterne werden von der Erde ähnlichen Planeten umkreist.
4. die Planeten der Fixsterne werden (wenigstens zum Teil) von vernünftigen Geschöpfen bewohnt.
5. Die Zahl der Fixsterne und ihrer Planeten ist unendlich.

Nach der großen Mehrzahl meiner sehr zahlreichen Erfahrungen sind alle die obigen fünf Sätze wohl immerhin mehr oder weniger im Besitze der allgemeinen Bildung, aber einmal in sehr blasser und verschwommener und keine Folgerungen ziehender Weise, und zweitens in einem gewissen astronomischen Köhlerglauben, der, überwältigt von der Einen Thatsache, daß die Astronomen die Himmelserscheinungen richtig und pünktlich vorherzubestimmen wissen, diesen nun ohne klares Bewußtsein der Gründe unbesehenes Vertrauen schenkt und ihnen das Thatsächliche ohne Einsicht in die Erkenntnisbegründung nachbetet, inhaltlich ja mit Recht, aber ohne die geringste Fähigkeit der eigenen Verantwortung. Deshalb kommt es darauf an, einmal auch der allgemeinen Bildung die eigentlich „springenden", entscheidenden Punkte der Beweisführung für die

Wahrheit resp. Wahrscheinlichkeit des Inhaltes der obigen fünf Sätze klar zum Bewußtsein zu bringen. Das thun freilich auch zahlreiche populäre Lehrbücher der Astronomie in der Gesamtheit ihrer Darstellung, aber einerseits sind der „Gebildeten" so viel mehr als der Kenner auch nur eines dieser astronomischen Lehrbücher, andererseits verschwinden in Wirklichkeit für die Auffassung der Leser, noch mehr aber der Kenner der großen astronomischen Resultate vom Hörensagen, jene eigentlich entscheidenden Punkte in der Fülle der Gesamtdarstellung oder des von außen angeflogenen Wissens so sehr wie eine Nähnadel in einem Fuder Heu. Der Stand der allgemeinen Bildung in diesen Dingen pflegt wirklich der zu sein, daß man die Glocke hat läuten hören, aber keine Ahnung hat, wo sie hängt. Und doch hängt an diesen fünf Punkten in ihrer Gesamtheit alles für die Bedeutung des Sternenhimmels für die Menschheit, aus welcher Troels nicht mit Unrecht die Angelegenheit aller Angelegenheiten macht. Bei diesem Sachverhalt empfinde ich es wirklich als kein überflüssiges Bemühen, die einfachen, großen Dinge, die dieses Kapitel enthalten wird, noch einmal zu sagen, ja ich halte es für das Allernotwendigste, nachdem Troels einmal „die neue Epoche" in die Welt hinausgerufen hat, daß sich vollkommene Klarheit über den Inhalt dieses Kapitels verbreite. Troels' Darstellung läuft darauf hinaus: Giordano Bruno ist es, der die Unendlichkeit der Welt erkannt hat und damit der Befreier des Menschengeistes geworden ist; Troels unterzeichnet also mit seiner Ueberzeugung ein geistesgeschichtliches Faktum. Aber die beliebten registrierenden Behauptungen, daß der und der den und den Fortschritt in der Erkenntnis gemacht habe, gewähren ja keine Einsicht in die neue Erkenntnis, diese muß in rein sachlicher Weise nachgeholt werden. Das will ich in allgemeinst verständlicher Weise versuchen, aber alles ausschließen, was nicht entscheidender Punkt ist, was nicht als unentbehrliche Säule das ganze Gebäude der modernen Ansicht vom Kosmos trägt.

Zu 1. (S. 45). Eine geringe Anzahl der Sterne des Himmels, die man eben darum Wandelsterne nennt, bewegen sich, der Erscheinung nach, die zu erklären ist, nicht nur täglich, wie die Sonne und der Mond, um den ganzen Himmel herum von Osten nach

Westen, sondern auch noch langsam, in einer Umlaufszeit von Monaten und Jahren, von Westen gegen Osten, also den Fixsternen von Westen her entgegen; wenn also einer dieser Sterne heute mit einem Fixstern zugleich aufgegangen ist, so bleibt er morgen schon ein wenig hinter diesem zurück, weil er ein wenig nach Osten vorgerückt ist; in einigen Tagen oder Wochen schon so viel, daß es dem aufmerksamen Auge auffallen muß. (Man denke sich das so, wie wenn ein Mensch an einer Speiche eines großen, sich drehenden Mühlenrades hinge, und bis die Speiche in der Drehung wieder die oberste wird, nun mit einem gewandten Griffe sich an die in der der Umdrehung entgegengesetzten Richtung nächste Speiche geschwungen hätte, nur daß diese Bewegung ein einmaliger Ruck wäre, während die des Wandelsternes kontinuierlich ist.) In dieser im allgemeinen regelmäßigen langsamen Bewegung von Westen nach Osten tritt aber alljährlich auf kurze Zeit, sagen wir einige Tage, ein Stillstand ein, außerdem aber, wiederum auf kurze Zeit, sagen wir auf einige Wochen, sogar eine rückläufige Bewegung von Osten nach Westen. Der Planet wird, wie man sagt, „stationär" und er wird „retrograd".

Wie ist die Sache zu erklären? Entweder ist sie so wie sie scheint. Dann aber ist ganz unverständlich, wieso der Planet dazu kommt, neben seinem im allgemeinen festgerichteten Lauf von Westen nach Osten in dieser regelmäßig, doch in den verschiedensten Gegenden des Himmels, wiederkehrenden Unregelmäßigkeit auch stillzustehen, rückwärts zu gehen und dann wieder in die alte Haupt-Richtung einzulenken. Eine solche Bewegung, die doch der Natur angehört und nicht unter dem Einfluß einer Laune oder eines Eingriffes steht, sollte es in der Natur geben können?

Man kann die Sache auch einmal anders ansehen, und das hat nach dem vor ihm vergessenen und durch ihn wieder ans Licht gezogenen Vorgange einiger griechischer Philosophen Kopernikus gethan. Wenn man einmal annimmt, die Erde ist auch ein Planet und der Mittelpunkt der Planetenbewegung die Sonne, so verschwindet die Stillständigkeit und Rückläufigkeit im Laufe des Planeten selbst und wird zu einem notwendigen und ganz korrekten Schein für den Beobachter von der Erde aus, der dann die fortwährende Veränderung seines eigenen Standpunktes in die Aufnahme der fremden Bewegung mit einmischen muß. Ist nun aber, die Erde als ihr Mittelpunkt gedacht, die Bewegung des Planeten eine unterbrochene, alle Jahr einmal eine zeitlang sich selbst zurücknehmende, und somit unverständliche und auf keine Ursache zurückzuführende, dagegen, die Sonne als gemeinschaftlicher Mittelpunkt der Bewegung der Erde sowohl, als also auch eines Wandelsterns, wie des Planeten gedacht, sich immer gleichbleibend und eine regelrechte Kreislinie*), so muß also die erstere Annahme für falsch, die zweite für richtig angenommen werden.

Man kann sich die beiden Annahmen durch Zeichnung veranschaulichen. Und zwar zunächst so, daß man der Anomalie der Rückläufigkeit als eines für den Beobachtungsort der gleichfalls bewegten Erde notwendig entstehenden Scheines ansichtig wird. Zweitens aber hatte Kopernikus auch auf Grundlage elementarer Geometrie die geometrischen Oerter der Planeten graphisch in die heliocentrischen Oerter übertragen können: so daß aus dieser Zeichnung dann nicht die von der Erde aus gesehenen Anomalieen, sondern die von der Sonne aus gesehenen einfachen Kreislinien der Planeten, einschließlich der Erde, sichtbar werden.

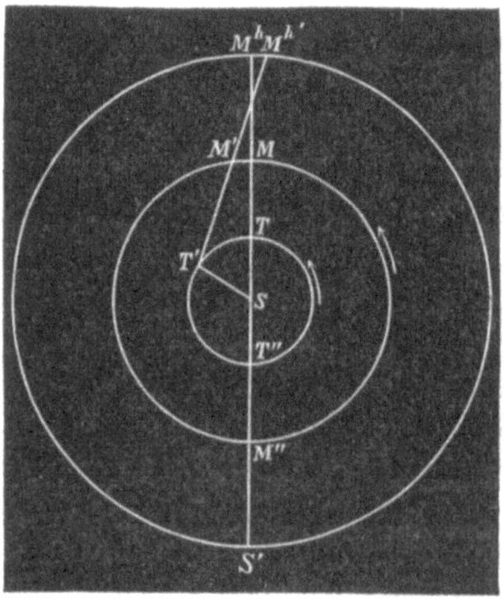

Die kleine Bogenlinie M^h M^h' in der beifolgenden Zeichnung **ist die eigentliche Beweisgrundlage für das kopernikanische System,** für die Erkenntnis, daß die Erde ein Planet ist. Als nämlich die Erde in T war, sah man von ihr den Mars M am Hintergrunde des Himmelsgewölbes in M^h; als die Erde bis T' vorgeschritten war, war der Mars in Wahrheit auch vorgeschritten, bis M', trotzdem aber erscheint er (in der Linie

*) Daß die wahre Bewegungslinie nicht eine Kreislinie, sondern eine Ellipse ist, kommt in diesem Gedankengange nicht in Betracht. Die Ver-

T' M' und ihrer Fortsetzung an das Himmelsgewölbe) in $M^{b'}$, also zurück geschritten. Das Zurückschreiten als Schein ist also auf's beste erklärlich, als wirkliche Bewegung war es unbegreiflich; folglich nimmt man die Voraussetzung, durch welche das Erscheinende, Beobachtete begreiflich wird, als die den wirklichen Sachverhalt treffende an, lehnt die andere und nächste Voraussetzung, daß das Erscheinende mit dem wirklichen Vorgange zusammentrifft, ab.

Aus der Zeichnung läßt sich nun auch ersehen, daß die Rückläufigkeit dann eintritt, wenn die Stellung der drei Körper gewesen ist: Sonne, Erde, Mars, oder wenn der Mars „in Opposition" mit der Sonne gewesen ist. (Er geht dann auf, wenn die Sonne gerade untergeht, wobei ja die Linie ist: Sonne, Erde, Mars, die Linie von der Sonne zum Mars also gerade durch die Erde geht; er steht in der Mittagslinie über dem Horizont, wenn die Sonne gerade in der Mitternachtslinie unter dem Horizont steht, er geht unter, wenn die Sonne gerade aufgeht.)

Eine Voraussetzung dafür, daß der Mars in obiger Zeichnung nach der Opposition rückläufig wird, besteht darin, daß er langsamer als die Erde von Westen gegen Osten vorschreitet; in der That beträgt ja auch die Umlaufszeit der Erde (scheinbar der Sonne) 365 $^1/_4$ Tage, die des Mars der Beobachtung zufolge 687 Tage.

Aus der obigen Zeichnung ist ferner zu ersehen: daß, wenn die Erde in T'' und der Mars in M ist (der Mars also in „Konjunktion" mit der Sonne steht), die (scheinbare) Bewegung des Mars am schnellsten ist, weil sie sich aus der Summe der entgegengesetzten Bewegungen der Erde und des Mars zusammensetzt; daß, wenn die Erde in T und der Mars in M ist, sie am langsamsten ist, weil sie sich aus der Differenz der Bewegung der Erde mit der

schiedenheit der Größe des scheinbaren Durchmessers, NB. auch der Sonne für den irdischen Beobachter, die sich mit Annahme der Kreislinie nicht vereinigen läßt, ist der Erkenntnisgrund für die Annahme der elliptischen Linie, die Kepler dann durch seine Beobachtungen genau für die damals bekannten Planeten feststellte. Diese verschiedene Größe der scheinbaren Durchmesser der Planeten nennt man die erste, die Stillständigkeit und Rückläufigkeit die zweite Anomalie der Planetenbewegungen, die zweite ist es, die zum kopernikanischen Weltsystem, die erste, die zum ersten Keplerschen Gesetze geführt hat.

des Mars zusammensetzt, wobei ja in der That der Mars sogar eine zeitlang in Rückläufigkeit gerät; daß die scheinbare Schnelligkeit der Bewegung des Mars mit seiner wahren zusammenfällt, wenn die Erde in ihrer Bahn um 90 Grad oder einen Quadranten von dem Mars absteht, weil sie dann eine kurze Zeit ungefähr in der Tangente ihrer Bahn läuft, also weder nach Osten noch nach Westen etwas zu der Veränderung der Stellung hinzufügt, die der Mars durch seine Eigenbewegung herbeiführt. Dies alles stimmt zu der genauer beobachteten Erscheinung, die eben noch in ihrer Allgemeinheit, ohne Berücksichtigung der Veränderung in der Schnelligkeit der Bewegung des Planeten, genommen war; dies alles wird also durch die Annahme einer planetarischen Bewegung der Erde um die Sonne erklärlich, während es bei der Annahme, daß das Erscheinende auch der wirkliche Vorgang sei, zu der Stillständigkeit und Rückläufigkeit ein neues unbegreifliches Rätsel hinzufügte.

Oben ist die „zweite Anomalie" der Planetenbewegung nur für den einfacheren Fall beschrieben, wie sie für die sogenannten oberen Planeten hervortritt. Nämlich ein Teil der Planeten kommt in die Lage hinein, daß sie gerade aufgehen, wenn die Sonne untergeht. Diese müssen also weiter von der Sonne entfernt sein als die Erde, denn diese steht dann ja gerade zwischen ihnen und der Sonne. Es sind von den alten Planeten Mars, Jupiter und Saturn. Zwei andere von den alten Planeten kommen nie in diese Lage, sondern gehen immer nur wenige Stunden vor der Sonne auf und unter; es sind Merkur und Venus. Diese beiden also sagen über das Verhältnis ihrer Entfernung von der Erde und der Sonne auf diesem elementarsten Betrachtungsstandpunkt nichts aus, jedenfalls niemals, daß sie weiter als die Erde von der Sonne entfernt wären. Hypothetisch wurden sie also von Kopernikus als näher denn die Erde von der Sonne zwischen diese und die Erde gesetzt, und zwar Merkur, der sich nie so weit wie Venus von der Sonne am Himmelsgewölbe entfernt, als der ihr nähere von den beiden. Die erscheinenden Bewegungen dieser beiden „untern" Planeten sind nun noch unregelmäßiger als die der beiden oberen: sie bilden mehrfach in einem Umlauf ganz lang gezogene Schleifen in ihrer Bahn. Kopernikus stellte auch diese graphisch dar, wie sie erscheinen müssen, wenn man als den wahren Mittelpunkt ihrer Bewegungen die Sonne annimmt und zugleich die jährliche Bewegung der Sonne um die Erde als durch die jährliche planetarische Bewegung der Erde um die Sonne entstehend denkt. Und siehe: da müssen eben jene Schleifen herauskommen. Als wirkliche Bewegungslinie an Naturkörpern, also als wirklich in Schleifen um die Erde ergehend, sind sie noch weniger denkbar als die Stillständigkeit und Rückläufigkeit der oberen Planeten.

Welches ist nun also der Lebensknoten des kopernikanischen Weltsystems oder unseres obigen ersten Momentes im Gedanken der Unendlichkeit der Welt, des Momentes also, daß die Erde nicht der Mittelpunkt der jährlichen Bewegung der Sonne und der Planeten ist? Ganz einfach: die „zweiten“ Anomalieen der erscheinenden Planetenbahnen. Diese und nichts anderes haben mit der Jahrtausende langen Voraussetzung, daß Sonne und Planeten sich jährlich, resp. in ihrer jedesmaligen Umlaufszeit um die Erde bewegen, brechen geheißen*).

Ganz scharf ist aber von uns noch immer nicht der entscheidendste Punkt in jenem „noeud vital“ bezeichnet. Die scheinbaren Bewegungen konnten nicht die wahren Bewegungen der Natur sein. Man mußte also darüber, was natürliche Bewegung eines Körpers sein kann und was nicht, a priori eine Ueberzeugung mit sich bringen. In der That enthüllt sich als der eigentliche Lebensnerv der kopernikanischen Ansicht **das naturphilosophische Gefühl der Gewißheit**, daß ein frei im Raum sich bewegender Körper sich regelmäßig bewegen müsse, speziell seine Kreisbewegung nicht durch Stillständigkeit unterbrechen, durch Rückläufigkeit ver-

*) Der innere sachliche oder Seinsgrund, weshalb sich Erde und Planeten je in der Länge ihres Jahres um die Sonne bewegen, ist dadurch noch nicht angegeben, sondern der Erkenntnisgrund, warum wir die Sache so annehmen müssen. Aber geschichtlich thatsächlich hat man schon vor der Erkenntnis des Seinsgrundes, also vor Newtons Gravitationstheorie, nach jenem bloßen Erkenntnisgrunde, die Sache so angenommen, allerdings nicht, ohne daß die alte Ueberzeugung etwa ein Jahrhundert lang nach Kopernikus sich vielfach noch dagegen sträubte.

leugnen, durch Schleifen modifizieren könne, das alles in bestimmter Wiederkehr und ohne die Möglichkeit eines Einflusses atmosphärischer Luftströmung, die bei einem kleinen, frei über der Erde schwebenden Körper wohl dergleichen und ähnliche Erscheinungen, wenn auch nicht in bestimmtem Schema, hervorbringen kann. Jenes naturphilosophische Vernunftgefühl, dessen Inhalt man auch vom Verstand aus als ein mechanisch oder phoronomisch unmögliches Geschehen bezeichnen kann, war in der That so stark, daß es die Gegengründe überwog. Diese Gegengründe mußten sich allerdings dem natürlichen Sinn als sehr stark entgegenstellen: den ungeheuren Körper der „unermeßlichen" Erde sich als in einer etwa für die Sekunde genommen sehr schnellen*) Bewegung zu denken, mußte dem natürlichen Sinn sehr schwer eingehen, und thut das bis heute noch, wenn man sich die Sache einmal vorstellig macht.

Mittelbar kamen auch religiöse Gegengründe noch hinzu, und die ein halbes Jahrtausend alte Autorität des Aristoteles war schwer zu erschüttern, so tief hatte sie sich in die Ueberzeugungen der Menschen eingenistet. Aber trotz alledem wollten Männer wie Kopernikus, der Landgraf Wilhelm IV. von Hessen-Kassel, ein ausgezeichneter Fürst (1567—1592), sein Mathematiker Christoph Rottmann, Kepler, Giordano Bruno lieber den schweren Druck dieser Gegengründe als die schwerere Wucht einer jenem naturphilosophischen Vernunftgefühl entgegengesetzten Meinung ertragen.

Auch wir können heute noch nachempfinden, daß die kopernikanische Ansicht also in der so ganz bestimmten Einfachheit ihrer Erklärung erscheinender Bewegungen und ihrer vernünftigen Supposition hinsichtlich der Mechanik des Verhaltens zweier ihre Lage gegen einander verändernden Körper ihre Kraft hatte, so lange, bis sie (in ihrem Grundgedanken bewahrt, im einzelnen vielfach verbessert) mannigfach überwältigende anderweitige Bestätigungen fand. Heutzutage ist die allgemeine Bildung, soweit

*) Kopernikus nahm die Entfernung der Sonne von der Erde noch um zwanzigmal kleiner an, als wie wir sie heute kennen, aber dennoch mußte die Umlaufszeit von 365 1/4 Tage für die ganze Peripherie der Erdbahn auf die Sekunde noch eine weit größere Geschwindigkeit als die einer Kanonenkugel ausmachen, ungefähr 1/5 Meile.

sie überhaupt darauf reflektiert, was sie freilich unbegreiflicher Weise so häufig unterläßt, kopernikanisch meist ohne Bewußtsein dessen, was die ursprüngliche Kraft des Kopernikanismus gewesen ist, auch nicht im bestimmten Bewußtsein dieser vielfachen, schlagenden Bestätigungen, sondern in dem allgemeinen Gefühl, daß, wenn die Astronomie die Erscheinungen am Himmel so genau vorher zu bestimmen weiß, wie sie es immer thut, sie wohl die richtigen Voraussetzungen hinsichtlich ihrer Ursachen hegen müsse; die allgemeine Bildung weiß aber äußerlich historisch, daß diese Voraussetzungen im großen und ganzen auf die kopernikanische Lehrmeinung zurückgehen. Dieses allgemeine Gefühl ist auch vollkommen berechtigt: wenn auch der Schluß von der Wirkung auf die Ursache, ganz allgemein gedacht, immer unsicher ist, da verschiedene Ursachen dieselbe Wirkung haben können, so wird doch die Richtigkeit angenommener Ursachen immer mehr, zuletzt bis zu unendlicher Wahrscheinlichkeit, bestätigt, wenn in den Wirkungen immer alles auf das genaueste stimmt. Dennoch ist es doch gewiß zu wünschen, daß die allgemeine Bildung, falls das möglich ist, und es ist ja, wie wir gesehen haben, so leicht möglich, das sachfremde Allgemeingefühl der Gewißheit aufgiebt und sich in sicherer Einzelerkenntnis über seine sachliche Begründung klar wird.

In Beziehung auf die Bestätigungen der kopernikanischen Ansicht würde die allgemeine Bildung gut thun, einmal in gemeinverständlichen Lehrbüchern der Astronomie das Kapitel über die Aberration der Fixsterne mit Verständnis nachzulesen. Es ist eines der schönsten und lehrreichsten Kapitel für die Naturerkenntnis hohen Stils, die es giebt. Einerseits wird in ihm die Hypothese von der Geschwindigkeit des Lichtes von einer ganz andern Seite her, als von der sie gefaßt ist, bestätigt, andrerseits findet unter ihrer Annahme die Thatsache und der Schnelligkeitsgrad der planetarischen Eigenbewegung der Erde ihre auf's schärfste zutreffende Rechtfertigung. Wenn sich die Erde in der Sekunde um 4 Meilen in ihrer Bahn um die Sonne bewegt, so bewegt sich auf ihr in gleicher Geschwindigkeit auch das auf den Strahl der Fixsterne gerichtete Fernrohr. Dieses muß, da es nicht still steht, gegen die Gestirne so gerichtet werden, daß das Sternlicht frei und gerade durchgehen kann, ohne an die Wände zu stoßen. Das

Verhältnis der Strecke, die die Erde in einer Zeiteinheit (z. B. 4,113 Meilen in einer Sekunde) zu der Strecke, welche das Licht in derselben Zeiteinheit (41 900 Meilen in der Sekunde) zurücklegt, ist als abstrakte Zahl die Tangente des Winkels, den der scheinbare Lichtstrahl mit dem wahren bildet. 4,113 : 41 900 = 0,000008162, diese Zahl ist aber die Tangente des Winkels von 20,25 Bogensekunden. Genau dieselbe Größe aber hatte der ausgezeichnete Astronom Bradley seit 1725 ganz unbefangen, bei Gelegenheit von eigentlich auf einen ganz andern Punkt zielenden Ermittelungen unmittelbar beobachtet, und zwar als für jeden Fixstern in gleicher Weise geltend. Also eine ganz wunderbare Bestätigung, sowohl für die Schnelligkeit des Lichtes, wie für die jährliche Bewegung der Erde und ihre Schnelligkeit. Die Sache läßt sich auch so ausdrücken, daß die Aberrationsellipse der Fixsterne ein wirklich an den Himmel gezeichnetes Miniaturbild der großen Ellipse der Erdbahn ist. — Schon vor der Bradley'schen Entdeckung der „Aberration der Fixsterne“ erhielt die kopernikanische Hypothese, daß die Erde einer der Planeten unserer Sonne sei, eine wundervolle Bestätigung durch das auf Grund von Beobachtungen divinierte dritte Keplersche Gesetz. Dieses lautet: Die Quadrate der Umlaufszeiten je zweier Planeten verhalten sich wie die dritten Potenzen ihrer Entfernung von der Sonne, d. h. die beiden Brüche: Quadrat der Umlaufszeit des einen dividiert durch das Quadrat der Umlaufszeit des andern und: die dritte Potenz der Entfernung des einen von der Sonne dividiert durch die dritte Potenz der Entfernung des andern von der Sonne sind sich arithmetisch gleich. Z. B. ist das Quadrat der Umlaufszeit der Erde $(365,25)^2$, dividiert durch das Quadrat der Umlaufszeit des Jupiter $(4332,60)^2$ = 0,007107, und der Würfel des Halbmessers der Erdbahn, also 20682000^3, dividiert durch den Würfel des Halbmessers der Jupiterbahn, also 107570000^3, gleichfalls = 0,007107, und so würden dieselben Größen bei jedem beliebigen Paar Planeten, im Verhältnis zu einander gesetzt, immer wieder im Quotienten zusammenstimmen. Ein so wunderbares Stimmen kann kein Zufall sein, sondern muß, wenn auch Kepler nach 17jährigen Rechnungsversuchen erst auf die Erkenntnis der bloßen Thatsächlichkeit dieses Verhältnisses verfiel, das erst aus dem Newtonschen

Gravitationsgesetz als innerlich notwendig abgeleitet werden kann, dem innersten logisch-mathematischen Wesen der Planetenbahnen angehören. Nun gewinnt schon durch dieses dritte Keplersche Gesetz der Schluß eine neue ungeheure Wahrscheinlichkeit, daß die Erde, deren bezügliche Größenzahlen man in dieses Gesetz ebenso einsetzen kann wie die aller anderen Planeten, eben einer der die Sonne umkreisenden Planeten sein muß. —

Es ist noch gar nicht von der täglichen Bewegung der Erde oder ihrer Achsendrehung die Rede gewesen, und doch führt diese das großartigere und mehr in die Augen fallende Schauspiel herbei, die tägliche Bewegung des gesamten Himmels um die Erde. Es kann keinen riesigeren Unterschied zwischen einst und jetzt geben, als früher auf „der" Erde zu leben, der der Himmel durch seine tägliche Umdrehung um sie seine Abhängigkeit und Reverenz beweist, jetzt aber dieses Schauspiel des himmlischen Gehorsams gegen die Erde als reinen, durch die Achsendrehung der Erde hervorgerufenen Schein zu wissen und damit hinsichtlich der ganzen Weltstellung der Erde in ein gänzlich anderes Gefühl geworfen zu sein. Die jährliche Bewegung der Erde ist eben deshalb vorausgeschickt, weil in der Zeit, wo die Lehre von den beiden Bewegungen der Erde zuerst aufkam, der Accent des Interesses auf der Herausstellung des richtigen Planetensystems ruhte. Für die praktische Bedeutung des Gedankens der Unendlichkeit der Welt ist aber eigentlich das Moment der Achsendrehung der Erde viel wichtiger, weil es die viel gewaltigere Illusion zerstört.

Auch hinsichtlich des Grundes, warum man die Achsendrehung der Erde und nicht die tägliche Umdrehung von Sonne, Mond und Sternen um die Erde anzunehmen hat, wird man die allgemeine Bildung nicht beschlagen finden. Ich habe das zu vielfältig erfahren, als daß ich meine Erfahrung für zufällig und rein persönlich halten sollte.

In der kopernikanischen Zeit wurde diese Lehraufstellung mehr gleichsam von selber mit sich gezogen von der anderen, daß der jährliche Lauf der Sonne durch die zwölf Sternbilder des Tierkreises ein Schein ist, der durch die planetarische Bewegung der Erde in derselben Richtung von Westen nach Osten entsteht.

Bewegte sich die Erde jährlich um die Sonne, so konnte keine Anschauung das Bild als glaublich oder nur vorstellbar vor die Seele führen, daß sich dabei nun noch täglich die Sonne um die Erde drehen sollte.

Man sollte aber doch mit Recht die beiden Aufstellungen (trotz ihres später hervortretenden inneren Zusammenhangs, daß die Erde als rotierend sich auch im Raume fortbewegen muß) unabhängig von einander halten und für jede von beiden sich ihres besonderen und eigentümlichen Erkenntnisgrundes bewußt sein. Die Achsendrehung der Erde pflegt der allgemeinen Bildung mit dem Grunde von der Schule her bekannt zu sein, daß man das Erscheinende, das Auf- und Untergehen von Sonne, Mond und Sternen, ebenso gut aus der täglichen Drehung der Erde um ihre Achse in der Richtung von Westen gegen Osten begreifen könne. Dies pflegt von einem Tellurium her in anschaulicher Erinnerung zu sein, vielleicht hat man auch nicht versäumt, es sich in der Phantasie an der Sache selbst klar zu machen, obgleich das Tellurium dazu verführt, die Anschauung auf das künstliche Modell zu beschränken und daher leider oft mißbräuchlich angewandt wird. Aber wenn nun beide Möglichkeiten die Erscheinung gleich gut erklären, so ist darin doch noch kein Grund enthalten, weshalb man die eine Erklärung der andern vorziehen muß.

Das zweite ebenfalls in der Erinnerung der allgemeinen Bildung haftende Argument pflegt das zu sein, daß sich unmöglich so ungeheuer große und der Erde an Größe so vielfach überlegene Körper täglich um die Erde drehen können, und zwar noch dazu mit der unfaßbar großen Geschwindigkeit, die dabei herauskommt, daß ein Kreis von 2 × 3,1415726 der Billionen von Meilen betragenden Entfernung der Sterne von ihnen zu beschreiben sein würde. Dies Argument ist so überwältigend wie nur irgend denkbar, aber es hat den großen methodologischen Fehler, daß hier, am Eingange, in den elementarsten Anfängen der Wissenschaft, schon Resultate der Erkenntnis vorausgesetzt werden, die einer viel weiter vorgeschrittenen Stufe der Wissenschaft angehören. Denn woher soll man denn in diesen Anfängen der elementarsten astronomischen Orientierung wissen, daß die Sterne Billionen von Meilen von der Erde entfernt sind? Das Argument ist so richtig wie unaussprechlich überzeugend, aber es von Anfang an anzuwenden, das heißt, die Aufführung eines Gebäudes anstatt mit der Grundlage mit dem Dach beginnen wollen.

Die Achsendrehung der Erde hinterläßt als Ursache mannigfaltige irdische Wirkungen, aus denen sich wieder rückwärts auf ihre Thatsächlichkeit, als eben auf die Ursache der Wirkungen zurückschließen läßt. Allein einerseits ist, woran oben schon einmal erinnert, der Schluß von der Ursache auf die Wirkung immer unsicher, und zweitens ist die Thatsache, die dann als Ursache gesetzt wird, in sich selber so überaus großartig, die Wirkungen verhältnismäßig so unscheinbar, daß es ein sehr unbehagliches Gefühl ist, solche kleinliche Gründe für den Beweis eines so grandiosen andern Thatbestandes annehmen zu sollen. Sehr willkommene und reizvolle Bestätigungen nach einem anderweitigen großen Beweise werden diese kleinen irdischen Symptome für die Richtigkeit der Achsendrehung der Erde ja sein, aber tragen können sie die stupende Behauptung, daß sich die Riesenkugel, die wir bewohnen, ohne Unterlaß in je einem Tage um die Linie von ihrem Nordpol nach ihrem Südpol dreht, jedenfalls nicht.

Diese interessanten nachträglichen Bestätigungen der Achsendrehung der Erde aus ihren irdischen Wirkungen sind vornehmlich die folgenden. Erstens: der Fall der Körper von größeren Höhen, sofern er eine kleine Abweichung nach Osten mit sich bringt, die sich aus der schnelleren Bewegung ihres vom Mittelpunkt der Erde weiteren Parallelkreises erklärt.

Zweitens: die Abplattung der Erde an den Polen, sofern sie aus dem Zusammensinken der noch flüssig gedachten Erdmasse an den der Centrifugalkraft entbehrenden Endpunkten der Achse erklärt wird.

Drittens: die Verkürzung des Sekundenpendels in den Aequatorialgegenden um $^{1}/_{10}$ Zoll, die auf die stärkste Wirkung der Centrifugalkraft am Aequator, also auf die dortige, durch eine Gegenkraft bewirkte Verminderung der Schwere zurückgeführt wird.

Viertens: das Auftreten der beständigen Ostwinde in der Breite der beiden Wendekreise, das von dem Einfluß der Rotation auf die Richtung und Schnelligkeit der zwischen den heißeren und kälteren Gegenden sich austauschenden niederen und höheren Luftschichten abhängig gemacht wird.

Fünftens: der Foucaultsche Pendelversuch. Dieser mit Recht berühmte sinnreiche Versuch beruht auf der Idee, daß ein sehr langes Pendel durch die Beharrungstendenz in seiner ursprünglichen Ebene noch eine Zeitlang schwingen wird, wenn schon durch die weiter gehende Rotation der Erde diese Ebene aufhört, die gegen den Horizont senkrecht gerichtete zu sein. Dieser Versuch, der aber erst aus den vierziger Jahren dieses Jahrhunderts stammt, würde also etwas noch neu nachweisen wollen, was schon Jahrhunderte vorher als bewiesen gegolten hatte. Auch ist er nur schwierig und nur in sehr hohen Räumen auszuführen und mißlingt zuweilen infolge nicht sicher zu kontrollierender Nebenumstände.

Zu diesen irdischen Wirkungen der Rotation kommt sechstens noch: die Rotation anderer Weltkörper als Analogon der Erdrotation. Diese ist ja eine für das, was zur Frage steht, sehr ansprechende Thatsache. Sie ist an der Sonne und einigen der alten Planeten beobachtet. Uebrigens steht sie in keinem gesetzmäßigen Verhältnis zu der Größe der einzelnen Himmelskörper oder der Umlaufszeit der einzelnen Planeten um die Sonne. Sie würde nicht zu konstatieren sein, wenn die Oberfläche der Sonne und der Planeten in reinem, unterschiedslosem Gold erglänzte. Nur dadurch, daß sie auch differente Stellen, z. B. Streifen oder Flecken, zeigen, läßt sich die Drehung dieser Oberflächen bemerken, die in allen Fällen von Westen nach Osten stattfindet. Erst die differente Gestaltung der Oberfläche läßt einzelne Teile derselben ihn ihrer Identität wahrnehmen und die Wanderung derselben von Westen nach Osten verfolgen.

Das alles ergiebt aber nicht den noch vermißten Einen großen, wahrhaft würdigen und schlagenden Beweis der Achsendrehung der Erde. Er besteht in folgendem: Man muß sich zunächst die Erscheinung der täglichen Himmelsdrehung, so wie sie in den verschiedenen Zonen der Erde stattfindet, zur Vorstellung bringen. Denn von dieser Erscheinung geht man aus, sie ist die zu erklärende große, ungeheuere, ja ganz unvergleichliche Thatsache. Auf dem Erd-Aequator also liegt der Nordpol und der Südpol des Himmels im Nordpunkte und Südpunkte des Horizontes; die

Sterne gehen dort im rechten Winkel zum Horizonte auf, denn sie bewegen sich alle in je ihrem Parallelkreise zum Himmelsäquator, dieser aber (er ist ja die Schnittlinie der bis ins Unbestimmte verlängert gedachten Ebene des Erdäquators mit dem Himmel) steigt auf dem Erd-Aequator lotrecht im Ostpunkte des Horizontes auf und senkt sich ebenfalls lotrecht im Westpunkt des Horizontes nieder. Alle täglichen Bewegungskreise der Sterne werden für den Wahrnehmungsstandpunkt auf dem Erdäquator durch den Horizont genau halbiert. Bei uns nun aber — wir wollen annehmen auf dem fünfzigsten nördlichen Breitengrade, der ungefähr durch die Mitte Deutschlands dahinläuft — ist die Erscheinung schon eine ganz andere. Der Südpol des Himmels ist auf 50 Grad unter den Horizont herabgesunken, der Nordpol des Himmels auf 50 über den Horizont gestiegen. (Die Polhöhe ist immer gleich der geographischen Breite, die sich also für jeden Ort am Himmel ablesen läßt.) Der Himmelsäquator ist immer 90 Grad von beiden Polen entfernt, er erreicht also bei uns eine Höhe von 40 Grad über dem Südpunkte des Horizontes. (Vom Südpol des Himmels bis zum Horizont sind 50 Grad, es kommen also noch 40 Grad über dem Horizont hinzu. Vom Nordpol des Himmels bis zum Zenith sind 40 Grad, es gehen also noch weitere 50 Grad von 90 Grad ab.) Erreicht der Himmels-Aequator bei uns eine Höhe von 40 Grad, so geht er in einem Winkel von 40 Grad aus dem Ostpunkt des Horizontes auf und in dem Westpunkte des Horizontes unter, denn der Bogen wird durch den zugehörigen Winkel gemessen. (Mit anderen Worten: die Aequatorhöhe jedes Ortes der Erde ist die Ergänzung der Polhöhe zu 90 Grad.) Die Sterne gehen also bei uns in einem Winkel von 40 Grad gegen den Horizont auf und unter. Diejenigen unter ihnen, die vom Nordpol des Himmels weniger als 50 Grad abstehen, gehen bei uns gar nicht auf und unter, sondern drehen sich oberhalb unseres Horizontes in ihren Parallelkreisen um den Nordpol des Himmels, sie sind „circumpolar", wie z. B. das allbekannte Bärengestirn. Diejenigen, die näher als 50 Grad vom Südpol des Himmels abstehen, sind bei uns ganz unsichtbar, wie z. B. das südliche Kreuz, die Freude der Tropenfahrer. Auf dem Erdäquator gingen im Laufe der 24 Stunden des Tages alle Sterne des Himmels auf und unter, nur ein etwa genau im Nord- und Südpol des Himmels befindlicher stand immer fest. Wir kommen zur Pointe. Auf dem Nordpol der Erde ist noch kein Mensch gewesen, es müßten sonst dort, was sehr unwahrscheinlich ist, auch Menschen wohnen. Wie die Erscheinung der täglichen Umdrehung des Himmels sich dort aber gestalten wird, können wir mit voller Sicherheit erschließen aus der rationellen Fortsetzung des Bildes, wie es auf dem 0ten, ..ten, 50ten Grade war, bis zum 90ten Grade. Der nördliche Pol des Himmels steht also dort genau zu Häupten, der südliche genau im Fußpunkt des Horizontes, 90 Grad unter ihm. Der Aequator des Himmels, 90 Grad vom Pol, fällt mit dem Horizont zusammen. Die Sterne bewegen sich alle, je in ihrem Parallelkreise dem Horizonte, weil dem Aequator, parallel über dem Horizonte in 24 Stunden von Osten nach Süden, nach Westen, nach Norden, nach Osten. (Nur die der nördlichen Himmelskugel werden überhaupt sichtbar. Die Sonne, die nur im Sommerhalbjahr nördlich vom Himmelsäquator steht, kommt nur am 21. März über den Horizont langsam in die Höhe, erreicht bis zum 21. Juni die Höhe von 23½ Grad über dem Horizont, und neigt sich von da an bis zum 21. September langsam wieder dem Horizont zu. In diesem Halbjahr geht sie auf dem Pol nicht auf und unter, läuft aber natürlich nicht, wie die andern Sterne, in einem festen Parallelkreise über dem Horizont, sondern beschreibt oberhalb des Horizontes eine korkzieherähnliche Linie.) Die „tägliche Bewegung des Himmels um die Erde" hat sich also als ein sehr ungenauer Ausdruck ergeben, der genau so nur für die Beobachtung auf dem Erdäquator gilt. Für die Beobachtung auf dem Nordpol wurde es am klarsten, daß ihr wahrer Mittelpunkt gar nicht „die Erde" ist, oberhalb welcher sie ja herumgeht, sondern die Linie vom Nordpol zum Südpol des Himmels, die in ihrer Mitte durch die beiden Erdpole läuft, also die sogenannte Weltachse. Die Erde, diese ungeheure Kugel, hätte ja vielleicht die geheimnisvolle Kraft haben können, die Körper des Himmels zu täglicher Bewegung um sie zu zwingen. **Nun ist aber ganz undenkbar, daß diese, rein in Gedanken gezogene Linie, die Kraft haben sollte, eine so allgemeine Bewegung von Körpern zu gebieten.** Dieser Satz ist der

Nerv des Erkenntnisgrundes für die tägliche Drehung der Erde um ihre Achse. Wird die eine der beiden Erklärungsweisen für die Erscheinung der täglichen Drehung des Himmels also undenkbar, so bleibt nun eben die andere übrig, die durch Annahme der täglichen Achsendrehung der Erde, welche dieselbe Erscheinung als unvermeidlichen Schein hervorbringen muß.

Nach allem Obigen ist die Erde, nicht auf Treu und Glauben hin, sondern in klarer Einsicht in die Gründe davon, aus ihrer Mittelpunktstellung sowohl für die jährliche Bewegung der Sonne und die entsprechende der Planeten in ihren längeren und kürzeren Umlaufsjahren, als auch für die tägliche Bewegung des ganzen Himmels entfernt und selber mobil gemacht, damit aber auch aus ihrer früheren Ausnahmestellung und Hauptsächlichkeit für das ganze Weltall herausgestürzt und das erste Hauptmoment für den Komplex neuer Wahrheit, den wir von Einer Seite her mit dem Satze von der Unendlichkeit der Welt bezeichneten, in festen Besitz genommen.

Zu 2 (S. 45). Die Fixsterne sind Sonnen, so daß also nun auch die Sonne aus ihrer bisherigen Einzigkeit verdrängt wird, die sie vor dieser Erkenntnis des zweiten Momentes des Gedankens U in allen Vorstellungen der Völker und allen Monumenten der heiligen und profanen Litteratur besaß. Der Beweis für das zweite Moment liegt darin: Wenn die Fixsterne in ihrer ungeheueren Weite dennoch als diejenigen Lichtpunkte erscheinen können, als die wir sie wahrnehmen, so müssen sie, in gleiche Entfernung wie die Sonne von der Erde gesetzt, mindestens eben so große strahlende Scheiben wie die Sonne sein, also sie sind selber Sonnen und erscheinen nur um ihrer so viel größeren Entfernung willen als „Sterne".

Man sieht aber: Dieses einfache und klare Argument wird ganz und gar noch von einer Voraussetzung getragen, nämlich der, daß wir etwas von der Entfernung der Sonne und der Fixsterne, also auch dem Verhältnis dieser Entfernung wissen können. Die allgemeine Bildung überläßt vielfach das Erfülltsein dieser Voraussetzung in gutem Glauben „der Wissenschaft". Als ob „die Wissenschaft" eine von den Menschen getrennte Hexenmeisterin wäre und nicht eine Errungenschaft und ein Besitztum wirklicher Menschen, die erst nicht wußten, die das Wissen suchten und doch Anhaltspunkte haben mußten, um den Haken einzuschlagen. Welche Gutgläubigkeit man dem abstrakten Götzen „der Wissenschaft" entgegenbringt, ist oft köstlich zu beobachten. Man kann ja unmöglich alles auf allen Gebieten selber verfolgen und kontrollieren, aber bei großen Resultaten, die in sich ganz verständlich sind, sollten wir doch wenigstens uns über den Ausgangspunkt der Wege klar zu werden suchen, in deren weiterer Durchschreitung das Ergebnis dann wenigstens in geahnter Begreiflichkeit vor uns liegt. Eine Angabe der Entfernung von Sonne, Mond und Sternen hat doch aber deshalb etwas unsäglich Wunderbares, weil sie in benannten Zahlen, also in Meilen oder Kilometern, erfolgt und erfolgen muß, dem Blick ins unbegrenzte Blaue aber nicht das mindeste Datum vorzuliegen scheint, warum man da 10 oder 100 oder 1000 oder gar Millionen und Billionen Meilen in die Tiefe des Raumes eingedrungen ist. In die Höhe können wir doch nur die höchsten Türme und Pyramiden und Berge messen, ohne körperlichen Anhalt läßt sich nicht weiter eine Meßrute anlegen. Daß ein Stern hinter dem andern steht, glauben wir vielleicht in manchen Fällen zu bemerken, aber wie weit, da reißt für die Wahrnehmung alles ab. Nun ist aber das Wunderbare der Sache genügend betont, und man erinnert sich doch sogleich daran, daß auch die Geometer die Entfernung und Größe irdischer Gegenstände nicht immer direkt messen, sondern durch mittelbare Methoden, namentlich durch Einführung des Momentes der Gesichtswinkel. So kann auch offenbar die benannte Zahl nur mittelbar in die Abschätzung ins unterschiedslose Blaue hineingekommen sein, von der Erde her, auf welcher allein Größenbestimmungen von benannter Zahl zu erlangen sind. Die Methode, durch die zur Erkenntnis der Entfernung von Gestirnen zu erlangen ist, soll hier in ihren allergröbsten Zügen und ersten Anfangsschritten einmal klar gemacht werden, denn nachdem Troels einmal seine Zeitgenossen auf den Gedanken der Unendlichkeit der Welt gestoßen hat, ist zu wünschen, daß auch kein Zwischenglied vom ersten gegebenen Weltbild bis zu ihm selber hin in unbegriffenem Glauben stecken bleibe.

Sonne und Mond müssen zunächst wohl höher über die Erde ragen als die höchsten Bergspitzen, denn man kann sie viel weiter auf der Erde gleichzeitig sehen als diese. Vielleicht aber macht der Unterschied des Ortes, von dem aus auf der Erde man sie sieht, etwas aus für ihre Stellung am Himmel. Dieser Gedanke ist der Anfang des richtigen Weges. Wir wollen annehmen, zwei Beobachter, in nicht zu naher Entfernung von einander, damit möglichst etwas dabei herauskommt, nehmen sich vor, zu genau derselben Zeit den Mittelpunkt des Mondes am Himmel zu bestimmen, nach uranographischer Länge und Breite. (Jene zählt vom Fühlingspunkt, dem Schnittpnnkt der jährlichen Sonnenbahn und dem Himmelsäquator, diese vom Himmelsäquator, auf einem Meridian abgetragen.) So werden zwei Punkte vom Himmel durch Beobachtung festgestellt, zwischen denen ein Bogen liegt. Durch diesen Bogen ist die Entfernung des Mondes von der Erde zu messen. Denn wir können nun ein Dreieck aus drei gegebenen Stücken konstruieren. Die Grundlage des Dreiecks ist die Entfernung der beiden Beobachtungsorte auf der Erde von einander. Diese Entfernung in der Luftlinie, noch genauer: in der Sehne des Bogens, wird als bekannt vorausgesetzt; es ist eine sehr elementare Aufgabe der sphärischen Geometrie, sie aus der Länge und Breite beider Orte zu finden, wenn die Größe der Erde bekannt ist. Diese aber ist aus den Messungen, welche gegen Ende des vorigen Jahrhunderts der französische Konvent veranstalten ließ, sehr genau bekannt: die Messungen erstreckten sich vom Süden bis Norden im Meridian durch ganz Frankreich, und aus der Polhöhe (vgl. oben S. 59) kann man ja wissen, der wievielste Teil des gesamten Erdumfanges damit gemessen ist. Kennt man aber von einer Kugel eins von den folgenden Stücken: Durchmesser, Umfang, Oberfläche, körperlichen Inhalt, so kennt man durch Formeln der elementaren Geometrie auch die Größe jedes anderen dieser vier Stücke. Die Spitze des obigen Dreiecks ist der Mittelpunkt der Mondoberfläche. Das Dreieck kann als gleichschenklig angenommen werden, denn nach dem Monde wird es von einem Ort der Erde (insbesondere von derselben Seite der Erde) gleich weit sein wie von dem anderen. Endlich ist in dem Dreieck bekannt der Winkel an der Spitze: er wird ausgedrückt durch den beobachteten Bogen, denn der Bogen wird ja durch den Winkel gemessen. Der Winkel an der Spitze des obigen Dreiecks ist als Scheitelwinkel gleich dem Winkel, der dem beobachteten Bogen entspricht. Konstruiert werden kann nun natürlich nicht das wirkliche Dreieck, weil kein Papier groß genug dafür wäre, sondern nur ein im geometrischen Sinne ähnliches Dreieck. Wir wollten ja aber auch die Größe der Stücke des Dreiecks in benannten Zahlen angeben. So ist denn die Entfernung des Mondes = der Höhe des Dreiecks dividiert durch den sinus des Winkels an der Basis; die Höhe aber ist = der Tangente des Winkels an der Basis, multipliziert mit der halben Grundlinie. Nach der folgenden Zeichnung ist

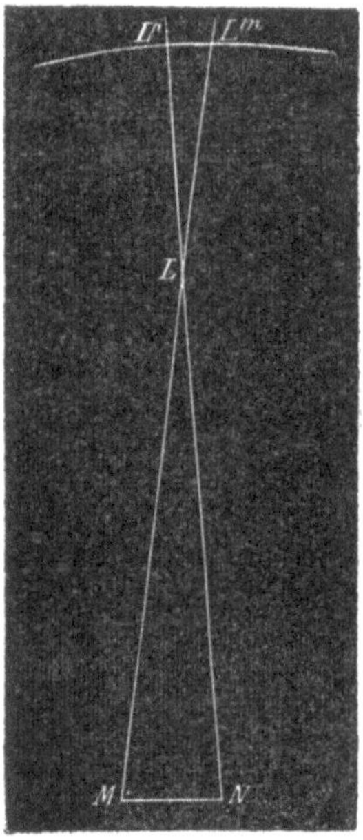

ML oder NL $= \frac{h}{\sin M}$; h ist $= \text{tg}\, M \cdot {}^1/_2\, MN$. Aus der Schultrigonometrie wird man sich erinnern, daß der sinus eines Winkels = der gegenüberliegenden Kathete dividiert durch die Hypotenuse, die Tangente eines Winkels die gegenüberliegende Kathete dividiert durch die anliegende Kathete ist, beide Quotienten als abstrakte Zahl ausgedrückt, deren Größe in den trigonometrischen Tafeln nachzuschlagen ist. Man kann das Obige bis hierher auch so ausdrücken: Mit dem Bogen L^m L^n ist der Winkel beobachtet, unter dem vom Monde aus die irdische Entfernung MN gesehen wird. Der Mond ist also so weit, daß gerade diese Strecke gerade in dieser scheinbaren Größe von ihm gesehen wird. Der innere Zusammenhang zwischen der Entfernung des Mondes und der Größe der irdischen Strecke MN ist hergestellt, wenn nur noch der Winkel bei L hinzukommt oder wenn der Beobachter in M sowohl wie der in N zu gleicher Zeit (das Verhältnis der Ortszeiten läßt sich ja leicht regulieren) einmal L möglichst genau auf den Hintergrund des Himmels projizieren.

Der Bogen L^m L^n heißt die Par-allaxe (Veränderung) des Mondes, vorausgesetzt nur, daß die Strecke MN nicht eine beliebige, sondern eine ganz bestimmte ist. (In der auf voriger Seite gegebenen Zeichnung ist es nur die Parallaxe für gerade die beiden Orte M und N; natürlich muß der Winkel bei L auf dem Papier viel zu groß gezeichnet werden; das Verhältnis von MN zu ML oder NL ist in Wirklichkeit viel kleiner.) Die in der Astromonie nun als die Norm angenommene Parallaxe ist die sog. Horizontal-Parallaxe. Mit dieser hat es folgende Bewandtnis.

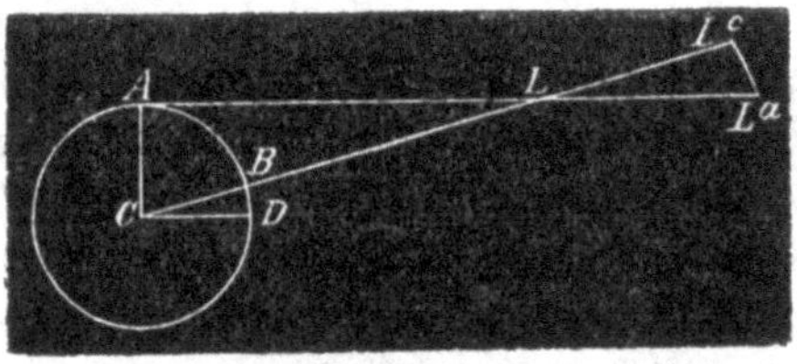

In der obigen Zeichnung würde ein Beobachter in dem Punkte A der Erdoberfläche den Mond L gerade in seinem Horizonte und an dem Punkte L^a des Himmelsgewölbes erblicken; ein Beobachter in dem Mittelpunkte C der Erde in L^c des Himmelsgewölbes: der Bogen oder Winkel L^a L^c ist also die Horizontalparallaxe des Mondes, denn in diesem Winkel würde, vom Mond aus gesehen, der Halbmesser der Erde erscheinen, oder, umgekehrt ausgedrückt, die Beobachtungsdistanz AC bewirkt die scheinbare Veränderung der Stellung des Mondes um L^a L^c am Himmel.

Nun fragt es sich aber weiter, wie man auf der Oberfläche der Erde den Punkt finden kann, in welchem der Mond für den Zeitpunkt, der für die Beobachtung in A angenommen ist, genau eben dort gesehen würde, wo er in eben jenem Zeitpunkte vom Mittelpunkt der Erde C aus erscheint. Dieser Punkt ist, wie man aus der Zeichnung ersieht, der Punkt B, als der Punkt, in welchem die Gerade CL die Erdoberfläche schneidet. Im Punkte B steht der Mond in der Verlängerung des Erdradius an dem Himmelsgewölbe, dieser Punkt ist aber stets, an jedem Ort der

Erdoberfläche, der höchste Punkt des Himmels, „das Zenith"; denn wenn der Mensch seine eigene Vertikallinie ins Innere der Erde weit genug fortgesetzt denkt, so trifft sie auf den Mittelpunkt der Erde, wenn aufwärts, so zieht sie dem höchsten Punkte des Himmels zu. Es wird also darauf ankommen, daß ein zweiter Beobachter sich einen Ort auf der Erde auswählt, in welchem der Mond überhaupt bei seinem täglichen Umlauf in das Zenith zu stehen kommt, was in unseren Breiten nicht der Fall ist. Da die Mondbahn ungefähr 23 Grad, gleichwie die scheinbare jährliche Sonnenbahn, gegen den Himmelsäquator geneigt ist, so ist ein solcher Ort also zwischen den beiden Wendekreisen der Erde auszuwählen. Der andere Beobachter muß dann die Wahl seines Standortes so getroffen haben, daß in ihm gerade der Mond auf- (oder unter-)geht, wenn er dem Beobachter in B im Zenith steht. Der Ort muß etwa volle 90 Grad der Erdkugel von dem Orte B entfernt sein. (Der Winkel BCD ist auf unserer Zeichnung, des Raummangels halber, natürlich viel zu groß angenommen.) Auf diese Weise würde auch das bloße Ausprobieren des richtigen, dem Punkte B entsprechenden Ortes nicht allzu schwierig erscheinen, und es kommt in dieser elementaren Darstellung nur darauf an, die Möglichkeit der Auffindung des Ortes A begreiflich zu machen. Der Leser kann sich denken, daß die feineren, von den Astronomen ausgesonnenen Methoden sich zu der beschriebenen etwa verhalten, wie das Magazingewehr unseres heutigen Heeres zu den Flinten, welche etwa im Schmalkaldischen Kriege oder den Städtefehden des 15. Jahrhunderts im Gebrauch waren. Aber das ist in der Geschichte der menschlichen Entdeckungen immer so, daß es zunächst auf den Durchbruch einer elementaren Haupteinsicht ankommt: ist dieser eingetreten, so treibt ein theoretischer Forschungs- und ein praktischer Verbesserungsinstinkt schon von selbst zu immer Vollkommenerem, und es ist unerhört, daß das Vollkommene sogleich auf den ersten Schlag entdeckt wäre. Die Anfangsbelehrung aber thut gut daran, immer auf die Ursprünge jener ersten Haupteinsicht zurückzugehen.

Auf diese Weise ist denn die Horizontalparallaxe des Mondes als nahezu einen Grad betragend gefunden, was eine Entfernung des Mondes von dem Mittelpunkt der Erde von 49236 Meilen ergiebt. Die Horizontalparallaxe der Sonne beträgt nur 8,57 Bogensekunden. Die außerordentliche Kleinheit dieses Winkels ist daraus zu ermessen, daß ein Menschenhaar, mit der Hand gegen den Himmel gehalten, an ihm schon nahezu 60 Sekunden bedeckt. Die Sonne ist also so weit von der Erde entfernt, daß von ihr aus gesehen der Halbmesser unserer großen Erde nur noch in einem Winkel von 8,57 Sekunden erscheint, und die Entfernung der Sonne beträgt nach der oben abgeleiteten Formel

$$\frac{\text{tg}\ (1\ R - 4{,}27\ \text{Sek.})\ \frac{1}{2}\ .\ 859{,}4\ \text{Meilen}}{\sin\ (1\ R - 4{,}27\ \text{Sek.})} = 20\frac{1}{2}\ \text{Mill. Meilen.}$$

Eine Horizontalparallaxe der Fixsterne ergab sich nicht im mindesten, d. h die Fixsterne müssen so weit von uns entfernt sein, daß die Länge des Erdradius = 859,4 Meilen von ihnen aus gesehen eine verschwindende Größe ist. Man mußte daher auf den Gedanken kommen, daß, um die Entfernung eines Fixsternes (etwa eines der leuchtendsten, also vermutlich nächsten) zu finden, womöglich eine noch größere Operationsbasis als die von 859,4 Meilen zu suchen sei. Die anderweitig (durch Kopernikus) gewonnene Lehre, daß die Erde ein sich in jährlicher Bewegung um die Sonne drehender Planet sei, mußte in Verbindung mit der aus der Beoachtung der Horizontalparallaxe der Sonne bekannten Entfernung der Sonne von der Erde eine ungeahnt große Operationsbasis an die Hand geben, nämlich den Durchmesser der Erdbahn, die Linie, um welche die Erde nach einem halben Jahr von dem Punkt im Raum entfernt ist, wo sie sich vor einem halben Jahr befand = 41 Millionen Meilen. Aber siehe, auch da ergab sich keine Parallaxe der Fixsterne unter einander von auch nur einer Sekunde, sie verharrten vielmehr, wovon sie nach dem groben Augenschein schon längst ihren Namen der Fixsterne erhalten hatten, auch für die genaueste Beobachtung im Laufe des ganzen Erdjahres in völlig unverschobener Stellung gegen einander, trotz der ungeheuren Verschiebung des Standortes, von dem aus sie im Lauf des Jahres gesehen werden, die natürlich in dem Unterschied von je einem halben Jahr am größten ist. War die Parallaxe eines Fixsternes für die Dreiecksbasis von 41 Millionen Meilen auch nur eine Bogensekunde, so mußte seine Entfernung schon 4 Billionen Meilen betragen, da sie aber geringer ist als eine Sekunde, so muß die Entfernung noch größer als 4 Billionen Meilen sein. Und diese auf den Durchmesser der Erdbahn bezogene Parallaxe war bei keinem der etwa ein Dutzend Fixsterne erster Größe auch nur Eine Sekunde groß: folglich mußte jeder von ihnen mindestens über 4 Billionen Meilen von uns abstehen. Die Astronomen standen vor der Wahl, dieses Ergebnis gläubig anzunehmen oder die kopernikanische Lehre fallen zu lassen. Sie haben nie einen Augenblick gezweifelt, das erstere zu thun: denn ein innerer Widerspruch liegt ja nicht in solchen Größen der Entfernungen der Fixsterne, und der Mensch war nicht in der Lage, bescheidenere Voraussetzungen von der Größe des Weltbaues gewaltsam auf diesen zu übertragen; die kopernikanische Lehre aber war zu fest gegründet, als daß sie nicht auch diese allerdings ungeahnten Folgen hätte tragen können.

Uebrigens sind in den letzten Jahrzehnten dank dem glänzenden Scharfsinn großer Mathematiker so unglaublich scharfe Methoden der Beobachtung der Fixsternparallaxe ausgebildet worden, daß man jetzt von manchen Fixsternen die auf den Durchmesser der Erdbahn bezogene Parallaxe auf zehntel Sekunden genau kennt, da andere Methoden der höheren Wahrscheinlichkeitsrechnung die wahrscheinlichen Grenzen der Beobachtungsfehler auf mindestens zwanzigstel Sekunden genau kennen lehren. So sind in der Entfernung von 10—90 Billionen Meilen jetzt manche Fixsterne bekannt. Und während z. B. in den sechziger Jahren junge Astronomen, deren es übrigens immer nur einige wenige unter den Studenten unserer Universitäten giebt, zum Gegenstand ihrer Doktordissertationen die genaue Berechnung der Bahn eines der zahlreichen kleinen Planeten zwischen Mars und Jupiter zu wählen pflegten, also sich in der Erforschung unseres näheren Sonnensystems hielten, sah ich vor einigen Jahren die Dissertation des ausgezeichneten jugendlichen Astronomen Ristenpart, welche über die Eigenbewegung unserer Sonne gegen die Fixsternwelt hin handelte und diese auf 26 Kilometer für die Sekunde mit samt ihrer Richtung zu bestimmen das Resultat hatte, welches wieder allerneueste die Spektralanalyse benutzende Methoden zu gewinnen ermöglichten. Dies alles freilich müssen wir auf Treu und Glauben annehmen.

Ich fragte den Dr. Ristenpart: „Hand aufs Herz, können

Sie wissen, daß die Sonne eine Eigenbewegung von 26 Kilometer in der Sekunde im Raume hat, in ihrer Bahn um einen fernen anderen größeren Fixstern (und infolge davon natürlich auch die Erde und die Planeten und noch mehr, was sich auf ihnen bewegt, eine so viel kompliziertere Bewegung im absoluten Raum hat?") Er antwortete: „Die Grenzen ja, nicht unter 25 und nicht über 30 Kilometer, 26 Kilometer aber als das wahrscheinlichste Resultat." Vor einem Menschenalter, als ich meine elementaren astronomischen Studien (zu höheren fehlte mir die mathematische Anlage) mit Eifer betrieb, wußte man von diesen Eigenbewegungen der Fixsterne noch nichts, höchstens mündete das bisherige Wissen in ersten Ahnungen von dem, was man in diesem letzten Menschenalter entdeckt zu haben glaubt. In den neuesten populären Lehrbüchern der Astronomie wird auch schon stark in phantasiemäßiger Ausmalung dieser neuen Entdeckungen geschwelgt. Für eine wesentliche Vertiefung des kosmischen Gedankens möchte ich sie nicht halten und eine wesentliche Modifizierung seines Eindrucks auf Geist und Gemüt der Menschen möchte ich aus ihnen nicht ableiten. Die Wucht jenes Gedankens ist nach unserem Wissensstande von ungefähr 1860 schon gerade groß genug. Daher ich von diesem neuen Momente des Gedankens U nicht eben Gebrauch zu machen gedenke.

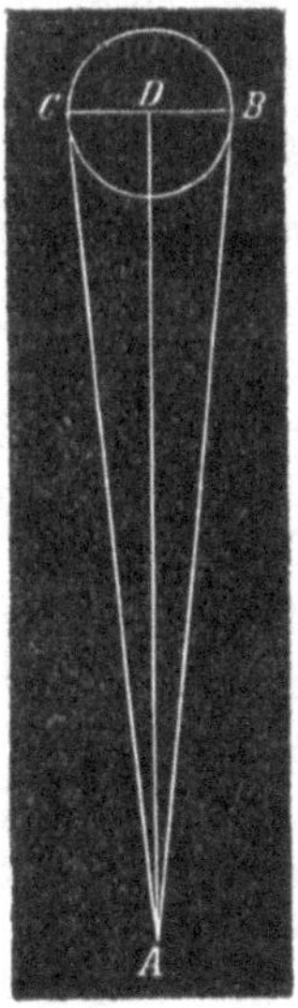

Ist die Entfernung eines Gestirnes (durch Parallaxenbeobachtung) bekannt, so ist die Größe desselben leicht zu berechnen. In der am Rand stehenden Zeichnung sei A der Augenpunkt des Beobachters auf der Erde, BC der scheinbare Durchmesser des Gestirnes. AC = AB, die Entfernung des Gestirnes, ist also bekannt. In dem Dreieck ADC (oder BDA) sind drei Stücke bekannt; die Linie AC, der rechte Winkel ADC und der Winkel CAD = $^1/_2$ des Winkels, der durch den scheinbaren Durchmesser des Gestirnes in Bogenform ausgedrückt und durch unmittelbare Beobachtung bestimmt wird. Folglich läßt sich das Dreieck konstruieren. Und zwar ist CD = AC . sin Winkel CAD.

Danach wird unter den für uns sichtbaren Fixsternen nicht so leicht einer sein, der kleiner wäre als unsere Sonne. Denn die Fixsterne erster Größe würden bei uns nicht in ihrer jetzigen Helligkeit sichtbar sein, wenn sie nicht größer wären als die Sonne. Es ist freilich doch wohl nicht mit ausnahmsloser Sicherheit ausgemacht, daß die Fixsterne unter erster scheinbarer Größe, also 2. bis etwa 16. Größe, alle nur deshalb von geringerer erscheinender Helligkeit sind, weil sie weiter entfernt sind, als die erster Größe; der Fall ist auch möglich, daß der Grund der geringeren Lichtstärke darin liegt, daß ein Fixstern in Wirklichkeit kleiner ist, als die die Sonne an Maß übertreffende erste Größe. Die Sonne hat einen Durchmesser von 195000 deutschen Meilen, eine Oberfläche von 117000 Millionen Quadratmeilen, einen Kubikinhalt von 3760 Billionen Kubikmeilen, so daß sie in letzterer Beziehung unserer Erde um das vierzehnhunderttausendfache und in den übrigen Beziehungen um das den Formeln für die Kugelmaße entsprechende Vielfache übertrifft. Sehr unwahrscheinlich ist der Fall, daß die wenigen Fixsterne erster (scheinbarer) Größe nur deshalb ihre Lichtstärke hätten, weil sie trotz größerer Entfernung noch viel größer sind als die Sonne, und daß die Fixsterne geringerer scheinbarer Größe diesen niedrigeren Rang trotz größerer Nähe ihrer in Wirklichkeit geringeren Größe zuzuschreiben hätten. Denn die größere Nähe müßte größere Parallaxe ergeben und solche würde in einzelnen von den zahllosen Fällen, die alle durchzuprüfen ja eine Unmöglichkeit ist, den Astronomen doch nicht entgangen sein.

Daß die Fixsterne Sonnen sind, ahnte schon divinatorischen Blickes Giordano Bruno mit Bestimmtheit und konnte man schon zweihundert Jahre vor 1860 auf dem oben in Kürze nachgezeichneten Erkenntniswege wissen. Das Jahr 1860 aber ist das denkwürdige Jahr der Entdeckung der Spektral-Analyse durch Kirchhoff und Bunsen, durch welche jene Erkenntnis nicht nur im allgemeinen von ganz neuer Seite her bestätigt, sondern auch in ganz ungeahnter Weise erweitert ist. Da die Spektren der im Zustande der Auflösung in feurige Gase befindlichen Metalle für jedes derselben ganz spezifisch sind, derart, daß diese Reihenfolge und Breite der Farben und der dunklen Fraunhoferschen Zwischenlinien der spektral-analytischen Untersuchung den Schluß auf gerade nur diese Materie gestatten, so weiß man jetzt, welche

Stoffe in der Sonnenhülle verbrennen und daß sie sich in der leuchtenden Hülle der Fixsterne im großen und ganzen gerade so wiederfinden. Die Sonnennatur der Fixsterne ist also nicht nur in ihrer Eigenschaft als selbstleuchtender Centralköper, sondern sogar bis zur Aehnlichkeit ihrer chemischen Beschaffenheit mit der der Sonne bekannt. Doch hätte die allgemeine Bildung, wie gesagt, schon seit gut zweihundert Jahren die Erkenntnis, daß die Fixsterne Sonnen sind, nicht nur äußerlich wissen und nachsprechen, sondern auch auf Grund der so elementaren Beweise dafür sich zu einem Eigenthum, das von innerer Bedeutung für sie wurde, machen können und sollen. Deshalb ist oben die Darlegung der längst bestehenden elementaren Grundlage dieser Erkenntnis so sehr bevorzugt, weil dadurch die allgemeine Bildung auf ein Versäumnis aufmerksam gemacht werden sollte, das sich seltsamer Weise so viele zu schulden kommen lassen, während doch ein wirkliches Verständnis der Grundlehren vom Inhalt des Kosmos so leicht ist.

Ad 3. (S. 45.) Von hier ab treten wir nun auf einen neuen Boden für die Bildung unserer Meinung und Ueberzeugung. Der Faden der möglichen Wahrnehmung und Erfahrung reißt ab und das Wahrscheinlichkeitsurteil tritt in seine Recht ein. Es giebt keinen Menschen auf Erden, bei dem wir uns mit Sicherheit erkundigen könnten, wie es mit den Thatbeständen besteht, über die wir uns nun eine Meinung zu bilden haben. Autoritäten werden ganz unmöglich, die Vernunft sieht sich ganz auf die eigenen Füße gestellt. Mehr als Wahrscheinlichkeit kann sie nicht beanspruchen; es wird nur darauf ankommen, ein Gefühl für den Grad der Wahrscheinlichkeit zu erwecken, wo es unmöglich ist, ihn zahlenmäßig als echten Bruch zu bestimmen. Wir glauben aber, durch unbefangenen Gebrauch der Vernunft dahin zu kommen, daß die eine Seite der Annahme so sehr die andere an Wahrscheinlichkeit überwiegt, daß sie für alle weiteren Erwägungen stets als diejenige einzusetzen ist, mit der zu rechnen ist, die andere als die, welche nicht in Betracht kommt. Wahrscheinlichkeiten wissenschaftlicher Resultate muß man nicht verachten; viel mehr als man denkt, ist man auf sie angewiesen. Eine Wahrscheinlichkeit von 1 = Gewißheit haben die allerwenigsten unserer wissenschaftlichen

Erkenntnisse, z. B. auch die geschichtlichen. Wer die methodologischen Partieen in E. v. Hartmanns Schriften beachtet hat, muß von diesem Satze überzeugt sein und den Glauben an wirklich strenge Gewißheit unkritischen Geistern überlassen. Ausreichende Wahrscheinlichkeit für die praktische Gewißheit läßt sich aber sehr vielfach doch gewinnen und in den Fragen, die uns nun beschäftigen sollen, jedenfalls in recht hohem Grade. Dieses Gefühl den Erkenntnissen hinzuzubringen ist aber viel besser, weil dem wahren Sachverhalt gemäßer, als blindlings Autoritäten nachzubeten, indem man von dem Inhalt ihrer Mitteilungen so erfüllt ist, daß man darüber die Frage nach dem Grade der Erkenntnissicherheit vergißt.

Ein Planetensystem ist uns aus einem einzigen Falle bekannt, dem, das sich um unsere Sonne gruppiert. Das scheint zunächst eine Induktion so ungünstig wie nur denkbar, oder vielmehr eine geradezu unmögliche Induktion, aus einem einzigen Falle statt aus der Reihe n, n', n'' u. s. w. eine allgemeine Wahrheit konstruieren zu wollen.

Die Sache wird aber ganz anders, wenn wir sowohl auf den Grund jener Einmaligkeit wie auf die Frage, ob der einmalige Fall Zufall oder sachliche Vernunft ausdrückt, reflektieren.

Planeten mögen sich um alle Fixsterne bewegen, was wir nicht einmal behaupten, oder auch nur um sehr viele, worauf wir unsere Behauptung vorsichtshalber beschränken, — wahrzunehmen sind sie für uns auf keinen Fall. Wenn alle Fixsterne selber ihrer Entfernung wegen nur fast unmeßbare Lichtpunkte für uns sind, so müssen ihre Planeten, die nicht selbstleuchtende Körper sind und so außerordentlich viel kleiner als ihre Sonnen sein müssen, für unsere Wahrnehmung = Null werden. Wenn die Venus für uns, etwa alle 100 Jahre, vor der Sonnenscheibe vorübergeht, so erscheint sie uns nur als ein kleiner, kaum über einen Punkt hinausgehender rabenschwarzer Kreis auf der Sonnenscheibe. Auf unserer Gesichtslinie zu den Fixsternen mögen noch so oft einzelne ihrer oder auch anderer Planeten der fernen Systeme vor dem leuchtenden Körper vorübergehen, der kleine schwarze Kreis ist nicht zu bemerken, da die Fixsterne selber ja nur leuchtende Punkte fast ohne scheinbare Ausdehnung sind: der schwarze Kreis ist zu gering im Verhältnis zu ihrer ganzen Oberfläche, die selbst ja nur Bruchteile von Raumsekunden beträgt. Also die Erfahrung kann nichts für die Existenz von Planeten der Fixsterne ausmachen, wir müßten sonst unsere Augen hundert- und tausendmal stärker bewaffnen können, als dieses erreicht und nach Aussage der optischen Techniker wahrscheinlich für immer möglich ist.

Unsere Sonne dagegen hat ein Planetensystem von sechs dem bloßen Auge sichtbaren und bis jetzt etwa dreihundert bekannt gewordenen, durch das Fernrohr zu erblickenden Sternen, die um sie kreisen. (Entdeckt werden kleine Planeten dadurch, daß der Astronom genaue Fixsternkarten, auf einem kleinen Stück Himmelsraum, am besten in der Nähe der Ekliptik, mit dem entsprechenden Stück des wirklichen Himmels vergleicht. Die Fixsternkarten waren aufgenommen, als auch etwaige kleine Planeten unter den Fixsternen fest zu stehen schienen, die nun also auch unter diesen figurieren. Als Planeten haben sie sich nun aber unter den wirklichen Fixsternen bewegt, sie finden sich nicht mehr an ihrer verzeichneten Stelle, sie werden vermißt. Solche wird es schwer sein, wieder aufzufinden, wenn nicht seit der Aufnahme der Fixsternkarten eine kurze Zeit vergangen ist, so daß sie sich noch in der Nähe befinden, wo sie also auf der Sternkarte nicht stehen und eine Differenz der Sternkarte mit dem wirklichen Himmel mit sich bringen. Dagegen sind auch andere Sterne, die Planeten sind, also nicht mit auf der Fixsternkarte stehen, weil sie zur Zeit von deren Aufnahme noch nicht an ihrem jetzigen Platze standen, unter die Fixsterne hineingeraten und werden von einem kundigen und aufmerksamen Auge als etwas, was dort nicht sein sollte, entdeckt. Diese können nun in den nächsten Tagen und Wochen auf's Korn genommen und verfolgt werden, und da werden sie ihren Platz verändern, so daß sie in ihrer Identität und Bewegung konstatiert werden können. Sind sie nicht etwa mit einem anderen der früher entdeckten kleineren Planeten, die gerade jetzt vorübergehend sich dort finden, identisch, so sind sie eben neu entdeckte Planeten. Man sieht, wie bewundernswürdig genau die Kenntnisse der Astronomen auf dem kleinen ausgeschnittenen Gesichtsfelde, das sich dem ungeübten Nichtkenner nicht in seiner Besonderheit kundgiebt, sein muß und welche Kenntnis des jedesmal gegenwärtigen Standes der anderen kleinen Planeten hinzukommen muß. Dafür ist aber das Planetensuchen auch die Spezialität einiger Astronomen.) Nun erscheinen die Planeten um die Sonne als etwas so Wesentliches, daß sie geradezu ein Korrelat des Begriffes „Sonne" sind, beide wie „Kopf und Schrift" einer Münze zusammen gehören. Gleichwie wir nach einem einzigen Exemplar einer Tiergattung sagen würden, daß das Tier Augen, Ohren, Mund und Nase hat, so urteilen wir nach dem Einen Exemplar einer Sonne, bei dem wir durch Erfahrung darauf geführt werden: Zu einer Sonne gehören Planeten. Denn es geht uns überwältigend die Einsicht auf: das ist kein Zufall so, das ist die Pointe der ganzen Sache. Wir befinden uns hier an einem sehr wichtigen Punkt für alles Folgende. Wer ihn leugnen will, zerbricht alles Folgende, wer diese Strecke des Weges für morastig und ungangbar erklärt, der verzichtet auf jede Fortsetzung des Weges. Was mich betrifft, so habe ich nie einen Augenblick bezweifelt, daß es das gesunde Wahrheitsgefühl sei, welches hier keine Schwierigkeiten mache, welches das Verhältnis von Sonne und Planet richtig erfasse nicht als eine einmalige Zufälligkeit, sondern als ein ehernes Band der Zusammengehörigkeit, welches an diesem Punkte in dem Bestreben, uns zunächst einmal über das Inventar des Kosmos klar zu werden, eine durchaus haltbare und solide Brücke errichte, die man getrost überschreiten könne ohne die Furcht, daß hinter einem alles zusammenbräche, daß man von hier aus vordringen könne ohne die Besorgnis, in das Land selbstgesponnener Phantasieen statt eben wirklich zum Inhaltsbestand des Weltalls zu gelangen.

Die Sache ist ja die: Mit einer Sonne von noch so viel Billionen Kubikmeilen existiert ja noch nichts eigentlich Wirkliches, nichts, was sich auf sich selbst beziehen könnte, was einen einzigen Moment eigener Zuständlichkeit erlebte. Das niedrigste Lebewesen mit schwacher, dumpfer Empfindung für Licht und Dunkel, für Lust und Unlust ist auf diese Weise etwas ungleich Höheres als eine ganze Sonne.

Ich will damit nicht so weit gehen, wie Berkeley und nach ihm Schopenhauer, Schuppe und Fritz Schaper, zu sagen: Esse est percipi: Sein ist Vorgestelltwerden. Denn die Wirkung der Sonne ist vor allem Vorstellen, welches erst durch die von ihr ausstrahlende Wärme vorbereitet wird, und unabhängig von allem Vorstellen, welches ganz fehlen kann in tierlosen Pflanzenbereichen, die nichts als Sonnenkinder sind, — die Wirkung der Sonne ist so kolossal, daß sie nicht ohne wirkliches Sein der Sonne gedacht werden kann, welches auch schon aus minimalster Wirkung der Sonne erschlossen werden könnte. Es ist das freilich ein Sein der Sonne, welches für uns gar nicht in Gedanken verifiziert werden kann: ein Sein ohne alles innere Moment der Rückbeziehung auf sich, der Empfindung, ein Sein, wo wir bei dem Versuche, es uns vorstellig zu machen, unweigerlich in den Widerspruch geschleudert werden, es in unsere eigene Vorstellung zu versetzen, von der wir doch eben absehen wollten. Wir stoßen auf eine Grenze unseres Verständnisses: das Sein ohne Vorgestelltwerden müssen wir aus der Wirkung folgern, aber bei jedem Versuche es uns vorzustellen, bringen wir mit Notwendigkeit das Moment mit hinzu, eben unsere eigene Vorstellung, durch welches wir den Versuch zu nichte machen.

Andererseits will ich nicht so weit gehen, die Sonnen selbst zum Wohnplatz empfindender und denkender Wesen zu machen. Manche thun es. Schon Giordano Bruno (del infinito S. 75, etwas problematischer de Maximo l. IV, c. 12); F. Bettex in „Symbolik der Schöpfung", dritte Aufl., Velhagen & Klasing, 1899, S. 255 giebt wenigens die Annahme frei, die Flammarion nicht ungereimt finde, „daß die Sonnen, diese herrlichen Mittelpunkte alles Lebens, auch belebt sind, d. h. von mächtigen Wesen bewohnt, die auf andere Art als wir mit dem Stoff verbunden, eine von der unserigen verschiedene Leiblichkeit besitzen". Er fügt selbst hinzu: „Es giebt keinen vernünftigen Grund, warum bei Temperaturen selbst von Millionen von Graden der Geist sich nicht mit einem bestimmten Quantum von Stoff verbinden soll; vielmehr ist der Schluß logisch, daß je physikalisch lebendiger der Stoff ist, desto besser er sich zur Behausung, zur Leiblichkeit höherer Wesen eignet". Die meisten Naturforscher nehmen es nicht an; entscheiden kann es niemand. Mich drängt es, im Zweifelsfall immer bei der vorsichtigeren, unphantastischeren Meinung stehen zu bleiben.

Uebrigens drängt das Weltbild auf alle Fälle zu der

Ueberzeugung, daß es viele Welten giebt in dem Sinne, wie die Erde eine ist. Nähme man für die Sonnen Bewohner an, so verlöre allerdings der Hauptgrund viel an Kraft, es für die Planeten zu thun, dann aber kämen die vielen Welten ja eben schon durch die vielen Sonnen heraus. Schlägt man sich, wie wir es vorziehen, auf die umsichtigere Seite, so wird der Grund überaus mächtig, bewohnte Planeten anzunehmen.

Wir waren nämlich schon so weit, zu behaupten, daß die Sonnen, als rein physikalische Körper genommen, nicht so bedeutungsvoll, so viel wert, so wichtig sind, als auch nur das niedrigste Lebewesen. Auf diese Weise kann unsere Vernunft gar nicht anders, als in der Existenz der Erdengeschöpfe die Pointe unseres ganzen Sonnensystems anzunehmen. Die Sonne sinkt zur bloßen Bedingung dafür herunter, daß diese Geschöpfe bestehen können, Planeten mit Geschöpfen werden ihr Korrelat. Wir haben zwar nur das einzige Glied für unsere Induktion oder Verallgemeinerung, welches wir von unserer Erde entnehmen. Aber es ist ein ganz zufälliger Grund, daß wir nicht mehrere Induktionsglieder zur Hand haben: der Grund, daß unsere sinnliche Wahrnehmung nicht die Schärfe besitzt, auf anderen Planeten solche Geschöpfe zu erblicken. Planeten selbst haben wir die Masse in unserem Sonnensystem, um die Induktion für andere Sonnensysteme wagen zu dürfen und zu müssen. Der Planet war um eines einzigen Lebewesens willen ein Korrelat (etwas notwendig Mitzudenkendes) für die Sonne, ebenso, kraft derselben Logik, werden Geschöpfe Korrelate der Planeten.

Es kommt hinzu, daß die Beobachtung uns die (neben der Sonnenwärme) irdische Hauptbedingung des Lebens, die atmosphärische Luft, wenigstens auf einigen Planeten, Venus, Mars, Jupiter als vorhanden kennen gelehrt hat. Wenn nämlich einer dieser Planeten einmal einen Fixsterne bedeckt, so tritt der Fixstern hinter diesen drei Planeten nicht urplötzlich wieder hervor, sobald der Planet infolge seiner planetarischen Eigenbewegung sich wieder über den Fixstern fortschiebt, sondern es vergeht eine freilich nur sehr kurze Zeit, bis das Licht des Fixsternes auch erst durch einen Dunstkreis, in dem es gebrochen wird, hindurch ist und durch den reinen Aether und nun unsere Atmosphäre hindurchgehend unser Auge trifft: jener Dunstkreis an dem

Planeten muß also dessen Atmosphäre sein, die sich vielleicht einige Meilen weit über ihn erhebt und deren Schleier vor dem Fixsternlicht auch erst durch die Eigenbewegung des Planeten, welche von seiner Atmosphäre mitgemacht wird, fortgezogen sein muß. Uebrigens erscheint auch die Oberfläche der von uns genauer zu beobachtenden Planeten so veränderlich, daß damit die Hypothese, wir sähen nur eine feste Rinde, nicht vereinbar, sondern eine in wolkenähnlich quirlendem Dunst über den Planeten schwebende Hülle anzunehmen ist. Das Wasser ist wenigstens auf dem Mars höchst wahrscheinlich, nach seinem ganzen Bild im Fernrohre, das seine Oberfläche wie zwischen Meer und Land geteilt erscheinen läßt und nach den spiegelblanken Flecken an seinen Polen, die, wenn Sommer auf seiner nördlichen Halbkugel ist, dort verschwinden, wenn auf seiner südlichen, aber dort.

Doch in Summa läßt sich nicht leugnen, daß die Erde unter allen Planeten unseres Sonnensystems am günstigsten gestellt ist, um Geschöpfe hervorzubringen. Wir legen dabei freilich den Maßstab der Erde an die anderen Planeten an, und es ist nicht unmöglich, daß auf jedem Planeten, den Maßstab seiner besonderen Verhältnissen angelegt, die anderen Planeten als ungünstiger gestellt erscheinen würden. Wahrscheinlich aber ist das doch nicht, weil die bloße Stellung zum absoluten dreidimensionalen Raum doch keine Unterschiede mit sich bringen kann, da der Raum keine Eigenschaften hat, die Wirkungen hervorbringen könnten. Wahrscheinlicher ist also, daß die Verhältnisse der Erde wirklich zum Maßstab dienen können, nach dem wir die Gunst und Ungunst der anderen Planeten zur Hervorbringung von Geschöpfen und die Stufe der Organisation und Leistungskraft dieser Geschöpfe beurteilen können. Da sind nun die unteren Planeten schon zu stark der Sonnenhitze ausgesetzt, als daß sie, außer allenfalls in ihren höheren Breitegraden, Geschöpfen zu günstigem Gedeihen die Bedingungen gewähren könnten. Bei Venus kommt eine Atmosphäre hinzu, die wahrscheinlich in so dauernder elektrischer Spannung infolge ihrer Erhitzung ist, daß die stärksten Gewitter dort an der Tagesordnung sind, die dem Behagen und der Entwicklungsfähigkeit einer Pflanzen- und Tierwelt den schwersten Schaden zufügen. Die oberen Planeten dagegen leiden immer mehr an Verringerung der

Sonnenwärme und des Sonnenlichtes. Vielleicht sind aber die zahlreichen kleinen Planeten zwischen Mars und Jupiter durch die stark verminderte Schwere an ihrer Oberfläche und ihren verhältnismäßig sehr geringen Umfang trotz ihrer größeren Sonnenferne in besonders glücklichen Verhältnissen für eine vernünftige Bewohnerschaft, — eine Phantasie, welche Mühlenhardt in vollem Glauben weiter ausspinnt. Jupiter hat eine Dichtigkeit seines Stoffes, die der des Wassers ungefähr gleichkommt, ein Umstand, der nach dem obigen Maßstabe seine Vergleichbarkeit mit der Erde schon für sich allein sehr herabdrückt. Alles in allem scheint die Erde wirklich unter allen Planeten ihres Systems so bevorzugt, daß ich es für sehr wahrscheinlich halte, daß sie für unser Sonnensystem in der That die Pointe seiner Existenz ist.

Es scheint sonach, als ob durch den Vergleich der Erde mit den ihr allernächst stehenden Schwesterkörpern des Weltalls die Wahrscheinlichkeit, ihresgleichen hinsichtlich der Bewohnerschaft im Weltall annehmen zu dürfen, in Summa sehr herabgemindert würde. Aber diese Wahrscheinlichkeit steigt sogleich wieder in ganz ungleich höherem Maße durch den Gedanken an die Millionen Fixsterne, also andere Sonnen, die wir uns für den normalen Fall als von Planeten umgeben denken mußten. Die endgiltige Wahrscheinlichkeit überwiegt dadurch in so außerordentlich hohem Grade, daß wir in alle unsere Erwägungen dieser Frage und ihrer Konsequenzen immer die positive Gewißheit: Es giebt zahlreiche der Erde ähnliche „Welten“, aufnehmen, die andere Möglichkeit, daß das nicht der Fall wäre, ganz außer Rechnung stellen müssen. Ich wenigstens habe seit der von mir erlebten Troels'schen „schrecklichen Stunde“ immer so gedacht und fühle keine Möglichkeit, daß mich jemand von dem Gegenteil überzeugen sollte. Und der bei weitem wichtigste Stützpunkt für den Glauben an die Existenz von Bewohnerschaften anderer Erden sind die auch in einem Glauben, aber höchst sicherem Glauben existierenden Planeten der Fixsterne, wobei wir von den Doppelsternen, die sich um ihren gemeinschaftlichen Schwerpunkt bewegen, ganz absehen wollen, da die hellen Fixsterne sind, die dunklen aber durch ihre relative Größe gegen ihren hellen Hauptstern über die Analogie unserer Planeten, selbst eines Jupiter, weit hinauswachsen.

Ad 4 (S. 45). In der Betrachtung unseres letzten Abschnittes, IV, 3, mischte sich immer schon im stillen als die Hauptsache der Gedanke unter, ob denn nun auch vernünftige Geschöpfe, Menschheiten, auf anderen Planeten des Weltalls anzunehmen sind. Dieser Gedanke lag im weiteren Verfolg des Gedankens an Geschöpfe überhaupt, der sich immer schon dieser Spitze zuneigte. Er ist aber so wichtig, daß wir ihn einer ganz isolierten Betrachtung für sich vorbehalten müssen.

Man wird oft von dem Gefühl einer sehr großen Unwahrscheinlichkeit der Annahme ergriffen, daß es so etwas wie die entwickelte Menschheit, in der wir leben, noch irgend einmal im Weltall sonst noch geben könnte. Das Leben der Menschheit hat sich so reich ausgestaltet, daß man es für etwas durchaus Einziges, dieser Erde Angehöriges, halten möchte. Sollte es sonst noch einmal Völker und Verfassungen, Heere, Kriege, Flinten und Kanonen, Parlamente, Beamtenschaften in ihrer Gliederung, Wissenschaften, Künste, Bücher, Zeitschriften, Museeen, Konzerte, Maschinen, Industrieen, Telegraphen, Eisenbahnen, Hochzeiten, Gesellschaften, Bälle, gute und schlechte Gelegenheitsreden, kurz das alles geben, was der Hunger und die Liebe, die Anlagen und Instinkte der menschlichen Natur auf unserem Planeten ins Leben gerufen haben? Ja, ist nicht jeder einzelne Mensch eine so einzigartige Differenzierung dessen, was im Umfang des allgemeinen Menschenwesens liegt, daß er wie ein Einmaliges, ein individuum ineffabile, dasteht? Man wird stark versucht, in den Gedanken der Einzigkeit der Menschheit zurückzufallen.

Wir wollen aber weiter nachdenken. Das Leben giebt sich zum reichsten vollsten Studium in dem einzigen Falle, wo wir es kennen lernen können, auf unserer Erde. Da zeigt es sich nun als eine unaufhaltsame Macht, die unzählige Keime unzähliger Arten in ihrem Schoße birgt und allmählich entfaltet, wo immer seinem inneren Drange nach Dasein die Bedingungen der Verwirklichung zu erfassen und zu benutzen sind. Die aufsteigende Linie des Lebens ist auf unserer Erde eine gar nicht abzuleugnende, hell in die Augen springende Thatsache, ja, sie ist es in der Natur und in der Geschichte, wie jeder, dem es nicht selber oder sonst woher vor die Seele getreten ist, aus der „Philosophie des

Unbewußten" sich zu einer packenden und dominierenden Ueberzeugung bringen kann. Nun ist das offenbar nichts Zufälliges und Einmaliges am Leben, sondern sein innerstes Wesen. Eine andere Lage konkreter Lebensbedingungen im Raum kann dem nichts anhaben, weil der Raum nichts Reales bewirken kann. Wo sich Leben entwickeln kann, muß es sich entwickeln. Es kann sich aber jedenfalls auf sehr vielen der vielen Millionen von Planeten entwickeln, also muß es dort auch eingesetzt haben. Ist aber erst einmal sein Anfang da, so geht es weiter, steigt nach oben. Zeit steht unbegrenzt zu Gebote. Also muß es auch vorwärts kommen. Bis wie weit nach oben, die Grenzen scheinen allerdings festzustehen. Aber die Vernunft erscheint doch auf der Erde als das eigentlich angestrebte Ziel: mit der Vernunft müssen wir sagen: Vernünftigerweise! Dies entfernte Ziel müssen wir also auch überall voraussetzen, wo das Leben einen ersten Fuß aufgesetzt hat. Vielleicht, daß die Bedingungen nicht überall so gegeben sind, daß das Ziel zu erreichen ist. Aber dann werden wir sagen, daß durch ungünstige Umstände nicht dahin zu kommen war, worauf es ankam. Denn wenn wir oben dahin gelangten, die Erde für die wahrscheinliche Pointe unseres Sonnensystems zu erklären, so ist doch die Pointe der Erde, mittelbar also unseres Sonnensystems, wieder der Mensch. Die menschliche Vernunft kann gar nicht anders als so urteilen. Wir wollen dabei hier ganz offen lassen, ob das vernünftige Geschöpf wirklich einfach in der Fortsetzung der ihm vorausgehenden Entwickelung des aufsteigenden Lebens liegt oder eine so große Kluft zwischen ihm und den nächst hohen Stufen unter ihm angenommen werden muß, daß eine Sonderschöpfung desselben einzuschieben ist. Jedenfalls will auf das vernünftige Geschöpf die aufsteigende Entwickelung des Lebens hinaus. Nun werden wir es aber als bei weitem weniger unwahrscheinlich als das Gegebensein der Höhen und Tiefen des menschlichen Lebens auf anderen Planeten empfinden, daß irgendwo auf solchen die elementaren Anfänge desselben vorkämen, sagen wir, zerstreut auf den weiten Flächen Höhlenbewohner, Jäger- und Fischer„völker", einfache Kulturanfänge wie in der „Steinzeit". Räumen wir uns das ein, dann hat aber auch der Gedanke, daß auch die höchste menschliche Kultur sich auf anderen Planeten wiederholt, gewonnenes

Spiel. Denn sind die Anfänge gegeben, so geht es, der Natur des Lebens nach, wie auf der Erde, unaufhaltsam langsam aufwärts. Es kommt nur darauf an, ob schon die Höhe, die der gegenwärtigen Höhe der Menschheit entspricht, erreicht ist. Aber die Zeit ist ja in Hülle und Fülle vorhanden, daß es erreicht werden wird. Sie ist auch in Hülle und Fülle vorhanden gewesen, daß es vielleicht schon erreicht und überschritten, oder auch wieder untergegangen ist. Zu allen diesen Möglichkeiten geben uns die vielen Millionen Planeten des Weltalls, die wir jetzt immer fest voraussetzen, die rationelle Unterlage. Es werden unter ihnen solche sein, die noch weit unter unseren Zuständen vernünftiger Bevölkerungen zurück sind, solche, die mit ihnen ungefähr gleichstehende gezeitigt haben, solche, die ihnen weit vorangehende auf sich tragen, solche, die schon in der Periode der lebenertötenden Erkaltung ihrer Oberfläche angelangt sind, endlich auch solche, die keinen oder nur einen hoffnungslosen Anlauf zur Hervorbringung einer Geschöpfreihe, die bis zur Vernunft reicht, machen können. Das alles ist so wahrscheinlich, daß das Gegenteil zu einer kaum zu beachtenden Unwahrscheinlichkeit herabsinkt. Daß die Anfänge irgendwo niedriger sein sollten, als bei der ersten organisierten Materie oder dem Protoplasma, ist nicht anzunehmen, eher schon, daß sie sogleich viel höher einsetzen könnten und zu viel höheren Organisationen als der menschlichen führten; das freilich ist nur mit Verletzung der auf der Erde gegebenen Analogie anzunehmen, daß höhere Organisationen durch ausdrückliche Schöpfung auf Einen Schlag dastehen könnten.

In allen unseren bisherigen Erwägungen gab etwas verhüllt immer den Ausschlag der Gedanke des Zweckes. Damit ist einer mächtigen naturwissenschaftlichen Strömung unserer Tage, die allerdings doch im Ablaufen*) begriffen scheint, welche Erklärungen von Vorgängen der Natur nur aus mechanischen Ursachen für allein wissenschaftlich hält, ein Stein des Anstoßes gegeben. Wir haben uns dabei aber an die natürlichen, unbefangenen und für jeden, der sich nicht in eine dem feindliche Theorie verrannt und verbissen hat, überzeugenden Regungen der menschlichen Vernunft ge-

*) Vgl. Elemente der empirischen Teleologie. Von Paul Nikolaus Cossmann, Stuttgart, A. Zimmer, 1899.

halten, daß, wenn im Laufe einer vieltausendjährigen Entwickelung neben Pflanzen und Getier noch der Mensch mit seinem so unvergleichlich höheren Lebensinhalt herauskam, er eben auch herauskommen sollte. Man braucht das nicht für einen von außen klüglich zuvor erwogenen Zweck zu halten: der innere Drang des Lebens selber beruhigte sich eben nicht, wenn es nicht auch zu dieser seiner höchsten Manifestationsstufe kam. Das „Leben" stellt sich dabei freilich auch als ein verhüllter Ausdruck dar, der sich vielleicht einstellt, wo „ein Begriff fehlt". Aber gemeint ist damit immer die Kraft der letzten Instanz, ein hinter der natura naturata verborgener und in ihr lebendiger schöpferischer Weltwille, das absolute Wesen, von dem man nicht absehen kann, wenn irgend etwas zur Erscheinung kommt. Wer glauben kann, daß aus dem — in sich notwendigen, aber in Ansehung des Resultates zufälligen — Spiel rein mechanischer Ursachen die Welt so weit, wie sie bis jetzt ist, insbesondere das Bereich des höheren Menschlichen habe hervorgehen können, der möge diese seine Gutgläubigkeit mit sich selber abmachen: er möge aber denen, welchen aus der Welt Wille und Geist des Urwesens entgegenblickt, vergönnen, daß auch sie dieses ihres Glaubens leben, der sie allein überzeugt und allein mit dem Erscheinenden zu stimmen scheint. Wenn übrigens in dem Einen Falle unserer Erde der reine Zufall in ungeheuer langen Zeiträumen und bei überreichem Material von Atomen den jetzt bestehenden sinnvollen Thatbestand sollte haben zu Wege bringen können, so ist nichts wahrscheinlicher, als daß er dazu auf anderen Planeten bei gegebenen ähnlichen Bedingungen ebenso gut imstande ist. Denn der reine Zufall hat auch je größer die Zahl der Kombinationsfälle wird, seine um so größere Wahrscheinlichkeit, daß nicht gewisse Fälle — hier diejenigen, die sich als fruchtbar erweisen — immer ausgeschlossen sein werden. Unsere ganze Untersuchung konnte auf diesem Gebiet nichts anderes als die Ausmachung einer Wahrscheinlichkeit sein: das Wahrscheinlichkeitsresultat bleibt auch so dasselbe. Die spätere Hauptfrage (Kap. V), wie sich der ideale Besitzstand der Menschheit gegenüber dem neuen kosmischen Gedanken halten kann, ob dieser ihn wie ein versteinerndes Medusenantlitz anstarrt oder nicht, ist mit dem Standpunkt des Glaubens an ausschließliche Wirkung mechanischer Ursachen im

Werden des Lebens gar nicht zu diskutieren. Denn die mechanistische Naturansicht entwurzelt ja so wie so schon für sich den idealen Besitzstand der Menschheit, sofern sie ihn eben nicht wurzelfest in ideellem Vorgedachtsein und ihn als Ziel erstrebendem Willen begründet sein läßt, sondern ihn als zufällig geworden hinnimmt.

Die Annahme einer inneren Zielstrebigkeit des Lebens nach aufwärts unterliegt aber noch einer großen Schwierigkeit. Wie soll denn ein mit dem unaufhörlichen bitteren Sterben der Generationen, die den folgenden Platz machen müssen, und mit so vielen Leiden der Geschöpfe thatsächlich und notwendig verbundenes Schauspiel des Lebens ein anstrebenswertes Ziel sein können? Nun, die Geschöpfe selbst machen sich diesen Einwurf gegen ihre eigene Lebenslust, die offenbar in innerem Zusammenhange mit dem Lebensdrange des hinter ihnen wesenden allgemeinen realen Prinzips steht, mit verschwindenden Ausnahmen auf der Höhe des Menschen nicht. Ein Denker, der sich außerhalb des psychischen Zustandes der Geschöpfe auf den Punkt des Archimedes stellt, mag ihn erheben. Die Geschöpfe sehen wir mit jenen verschwindenden Ausnahmen immer auf die Erhaltung (und zum Teil auch Steigerung) ihres Daseins bedacht. Vernünftig ist dieses Hangen an der Existenz ja nur, falls diese mehr Lust als Unlust bereitet. Vielleicht ist das auch der Fall; wer will es entscheiden, da niemand alle die einzelnen Empfindungszustände auf einem Generalnenner zu bringen vermag, der das Ziehen der endgiltigen Lustbilanz ermöglichte. Aber, wenn es etwa auch nicht im Durchschnitt der Fall wäre, und wenn es sicher wirklich in unzähligen Fällen nicht der Fall ist, daß die Existenz um ihrer Lust willen ein vernünftiger Zweck des Wollens ist, die Thatsache, daß sie doch gewollt wird, läßt sich damit nicht aus der Welt schaffen. Die Geschöpfe sind offenbar in der reinen Liebe des Lebens befangen. Nun ist es ein ganz anderes Problem, ob etwa der Wille zum Leben an sich vernünftig ist und ob er etwa mittelbar durch Beziehung auf einen anderen höheren Zweck doch noch vernünftig würde, oder ob auch das nicht anzunehmen sei; ferner, ob es eine Erlösung, und welche, von sinnlosem Lebensdrange geben könne. *Hier* kommt es nur auf die *Thatsache* an, daß das Leben, wenn es nur Fuß gefaßt hat, die innere Eigenschaft hat, sich in die

Höhe zu treiben, und diese Thatsache müssen wir auf alle Fälle bejahen, mögen wir sie nun beweinen oder sie für vernünftig halten und uns ihrer freuen.

Sehr merkwürdig ist es, daß uns noch keine Planetenbewohner ein absichtliches Zeichen ihrer Existenz gegeben haben, also von der gewiß schon hervorragenden Intelligenz der Erdbewohner noch an keinem Punkte des Weltalls Lunte gerochen zu sein scheint. Bei denen ferner Sonnensysteme müssen wir es unmöglich halten, daß sie eine uns in solchem Grade überlegene Organisation besäßen, daß sie in ihr die Mittel fänden, unseres Planeten überhaupt noch ansichtig zu werden und eine Vermittlung durch Zeichen mit uns zu versuchen. Aber auf der Venus z. B. ist, namentlich zur Zeit der Opposition mit der Sonne, unsere Erde ein ganz wunderschöner Stern, der herrlichste aller Sterne, viel glänzender und größer als für uns die Venus, der sie an Größe fast genau gleicht, viel glänzender und größer, da sie zur Zeit der Opposition (Sonne—Venus—Erde) ihr die Oberfläche einer ganzen Halbkugel zeigt, während die Venus für uns nicht aus der Sichelgestalt herauskommt; denn in der Konjunktion mit der Sonne ist sie zwar voll, aber dunkel, wie der Neumond. Auch auf dem Mars ist die Erde, dort Morgen- und Abendstern, doch wenigstens ebenso schön, wie für uns die Venus, die bei ihrem hellsten Lichte einen Schatten wirft und von scharfen Augen, die sich nur ihre Stellung ungefähr klar gemacht haben, bequem bei Tage, bei hellem Mittage am Himmel gefunden werden kann. Auf den kleinen Planeten zwischen Mars und Jupiter erscheint die Erde wenigstens noch als der mächtigste der drei dortigen Morgen- und Abendsterne, Mars, Erde, Venus, vom Jupiter aus gesehen wird sie freilich in dem Morgen- und Abendrot schon mindestens so stark verschwinden, wie bei uns der Merkur, den man, auch wenn man sich für ihn interessiert, höchst selten einmal zu Gesichte bekommt. Es reduziert sich also doch die Zahl der Planeten, von denen wir vielleicht eine Anknüpfung von Zeichenkorrespondenz erwarten könnten, auf einen sehr geringen Kreis; denn etwaige intelligente Bewohner der kleinen Planeten zwischen Mars und Jupiter müßten sich doch auch wieder sagen, daß ihre so kleinen Weltkugeln, von der Erde aus gesehen, keine Fläche für differente Beobachtungen mehr bieten können. Aber merkwürdig bleibt es, daß zu einer Zeit, wo der Mensch schon überquillt von dem Gedanken, auch zu den etwaigen Brüdern in den Welträumen Zeichen seiner Existenz hinüberzuschicken und anzufragen, ob man zur Antwort bereit sei, das ganze Weltall ausnahmslos noch stumm und kalt und ohne Gegenliebe verharrt. Zu welchen Phantasieen über die Höhe möglicher Organisationen auch immer uns die zahllosen Weltkugeln im Raum ein ganz wohl begründetes Recht geben, noch hat keine geschöpfliche Intelligenz dem Sternenhimmel die geringsten Spuren ihrer Existenz aufgedrückt. Vielleicht liegt darin eine Mahnung, in solchen Phantasieen nicht zu ausschweifend zu werden und uns ferne Geisterreiche nicht allzu unvergleichlich über das Maß menschlicher Geistigkeit hinausgewachsen zu denken; und Adressen für solche Mahnungen giebt es einige auf der Erde zu finden. Die rätselhaften geraden Linien auf der Oberfläche des Mars, die allein für uns in dieser Beziehung in Frage kommen könnten, sind schwerlich für solche Zeichen zu nehmen: dazu sind sie zu überflüssig zahlreich und doch auch nicht signifikant genug. Eine einzige große Figur wie ein rechtwinkliges Dreieck mit den Quadraten über seinen drei Seiten auf der Oberfläche des Mars würde genügen, an uns eine absolut eindeutige Anfrage zu stellen. Der Einfall, etwa ein ungeheueres Getreide- oder Rapsfeld, vielleicht in den Ebenen Rußlands oder Sibiriens, einmal in dieser Form anzupflanzen, um dadurch unsererseits den etwaigen intelligenten Martialen ein Zeichen von uns zu geben nnd ein Gegenzeichen hervorzulocken, ist schon Jahrhunderte alt, und warum sollte er nicht einmal ausgeführt werden? Mit Licht- oder gar elektrischen Zeichen dieses Zweckes hat der Menschengeist auch schon gespielt. Wenn man mit Troels von dem Aufgange der Unendlichkeit der Welt die zweite Epoche der Menschheitsgeschichte rechnen will, so würde die dritte jedenfalls beginnen mit der Zeit, wo etwa eine interplanetare Verständigung der geschöpflichen Intelligenzen des Kosmos auf der Erde einsetzen würde. Aber vielleicht gehen die Entwicklungszeiten der vernünftigen Körperschaften von Geschöpfen auf den Planeten, die dafür in Betracht kommen könnten, so weit aus einander, daß die Vorgeschrittenheit des Menschengeschlechtes für die Ausführung solcher Phantasieen unfruchtbar bleibt. Einen Gegenbeweis gegen die Richtigkeit unserer Wahrscheinlichkeitsaufbauten können wir jedenfalls nicht in dem Fehlen einer Zeichensprache anderer Planetenbewohner an uns finden: dafür steht an sich die Möglichkeit der Sache auf zu schwachen Füßen. Uebrigens sind die geraden Linien auf der Oberfläche des Mars, gleichwie nicht geeignet als Zeichen für uns gedeutet zu werden, so auch jedenfalls wenigstens als Ränder von Kanälen, die dem Zwecke irdischer entsprächen, nicht aufzufassen. Denn die Kanäle würden eine unbegreifliche Breite haben. Eine erfahrungsmäßige Bestätigung für die Existenz vernünftiger Bewohner auf anderen Planeten liegt bis jetzt auch in dem dafür noch am allergeeignetsten Symptome, jenen geraden Linien auf der Oberfläche des Mars, nicht vor, so daß wir auf die Führung der Wahrscheinlichkeitserwägungen angewiesen bleiben.

Das Buch „die Sternenwelten und ihre Bewohner" von Prof. Dr. Joseph Pohle, 2. Aufl., Köln, Bachem, 1899, geht auf allerbreitester Basis auf eine empirische Beantwortung der Frage nach der Bewohnbarkeit der Sternenwelten aus. Dabei setzt es im allgemeinen voraus, daß die irdischen Existenzbedingungen die allgemeinen für die Existenz organischer Wesen sein würden, insbesondere aber, daß dazu eine Temperatur gegeben wäre, welche die Existenz des Wassers in der Mitte zwischen den Aggregatzuständen des Eises und des Dampfes ermöglichen würde. Doch räumt Pohl oft genug die Möglichkeit ein, daß die Bedingungen des Lebens überhaupt mit den irdisch thatsächlichen Bedingungen des Lebens nicht zusammenzufallen brauchen, und die philosophischen Gründe a priori sind es doch auch bei ihm, welche dem sehr starken Uebergewicht seiner Ueberzeugung, daß es außer der Erde viele bewohnbare und bewohnte Welten giebt, über die dagegen stehenden Zweifel die Kraft verleihen. Das Buch gestaltet sich aus zu einer sehr schönen Uebersicht über unsere gegenwärtige Kenntnis des Weltalls, welcher der Verfasser, Professor der katholischen Apologetik in Breslau, offenbar in jahrelangen, gründlichen und vielseitigen Studien nachgegangen ist. Aber bei der überwältigenden Macht der Wahrscheinlichkeitsgründe a priori steht der Leser doch unter dem seltsamen Eindruck, daß wenigstens der Möglichkeit des ungeheuerlichen Resultates auf Grund begreiflicherweise höchst andeutungsweise gegebener Anhaltspunkte der Erfahrung entgegengeforscht wird, daß unsere Erde ein absolutes Uncium unter den Sternen sein könnte. Das bei weitem wichtigste Material für jene Ueberzeugung, die Planetensysteme anderer Sonnen, sind ja doch auf alle Fälle nur a priori erschlossene Gegebenheiten, und deren Existenz hat etwas an sich von geometrischer Gewißheit, die niemand erst durch Nachprobieren einzelner Fälle zu bestätigen suchen wird.

Ad 5 (S. 45). Ganz zuletzt gipfelt der Gedanke der Unendlichkeit nun auch in dem Satze: die Zahl der Fixsterne und ihrer Planeten ist unendlich.

Es wird sich herausstellen, daß dieser Satz keineswegs eine Gewißheit für den Menschen sein kann, daß er zu keiner Entscheidung oder eher noch zu der entgegengesetzten Entscheidung zu bringen ist, und daß an seine Stelle einfach der Gedanke der Größe der Welt zu treten hat.

Erfahrungsmäßig läßt sich natürlich die Unendlichkeit der Welt nicht feststellen. Die Zahl der Sterne, welche auch die ausgedehnteste Wahrnehmung der fortgeschrittensten Teleskopie umfaßt, muß selbstverständlich endlich, wenn auch nicht genau bekannt, sein. Diese Zahl erweitert sich mit den technischen Fortschritten der Bewaffnung des Auges, dessen Empfindlichkeit für Lichteindrücke aber von der Empfindlichkeit der photographischen Platte weit übertroffen wird, weshalb mit Anwendung dieser auf Objekte des Himmels ein so großer Fortschritt der Astronomie verbunden gewesen ist. Die Zahl der mit bloßem, selbst schärfstem Auge zu zählenden Sterne betrug an der nördlichen Himmelskugel ungefähr 2500, mehr nicht, so sehr sich auch das Auge durch den vielfachen Lichtschimmer von Sternnebeln, den es nicht mehr in einzelne bestimmte Sterne aufzulösen vermag, bestechen läßt, diese Zahl, zumal in mondlosen, kalten Winternächten, viel höher anzunehmen. Für die nördliche und südliche Himmelskugel zusammengenommen ergab das also eine Schätzung von ungefähr 5000. Der ältere Herschel schätzte nach den Wahrnehmungen mittels seines Riesenrefraktors, dessen Sehkraft kaum übertroffen ist, die Fixsterne der Milchstraße allein auf 20 Millionen; sie waren aber auch der größere Teil der gesamten Fixsterne des Himmels. Heute mag die Zahl der Fixsterne, nach der äußersten Leistungskraft, mit der die photographische Platte noch allerschwächste Lichteindrücke von Sternen aufzunehmen vermag, ungefähr 400 Millionen betragen. Die über etwa die 15. Größe an Lichtschwäche hinausgehenden vermag selbst das stärkste Teleskop dem Auge nicht mehr sichtbar zu machen. Die von der 16. bis etwa 18. Größe zeichnen sich noch eben sozusagen auf die Netzhaut jener chemischen Platte. 400 Millionen Sonnen und dazu vielleicht mindestens die zehnfache Zahl von Planeten sind aber von einer unendlichen Zahl noch unendlich weit entfernt.

Denken wir uns, wir kämen von unserem Standort zu dem der Fixsterne erster Größe. Da würde sich wahrscheinlich ein neues Stück von Fixsternwelt aufschließen, welches von unserem jetzigen Standort noch nicht wahrzunehmen war; gleichwie sich mit der künstlichen Verstärkung unserer Sehkraft immer weitere solche Stücke aufthaten. Denn höchst unwahrscheinlich ist ja gerade der einzige Fall, daß wir, nun an der bisher äußersten Grenze unseres Sehens angelangt, auch gerade an der Grenze himmlischer Objekte angelangt wären. Vielleicht würden sich gerade die Fixsterne von einem Grad tieferer Lichtstärke erschließen. Denken wir uns so bis zu den Fixsternen allertiefsten Grades als zu unserem Standorte Klasse für Klasse fortgeschritten, so möchte sich von Klasse zu Klasse eine neue zur Erscheinung stellen. Wissen können wir das aber nicht, und auch die größten Astronomen können keine Gewißheit darüber geben, daß das Herabsinken der fernen Sonnen zu Fixsternen immer tieferen Grades genau mit dem Wachsen ihrer Entfernung proportional wäre, und daß nicht auch der Unterschied der wirklichen Größe und Lichtstärke damit konkurrierte. Ja, ganz allgemein erwogen, wird jene Regelmäßigkeit ein sehr unwahrscheinlicher Fall sein. Wie weit das gehen würde, daß sich noch immer neue Fixsternwelten hintereinander aufthäten, wissen wir nicht. Ist die Zahl der Fixsterne unendlich, so wäre sie auch nicht erschöpft, wenn wir centillionenmal zur centillionsten jenes Fortschreiten wiederholt annähmen. Der Fall wäre ja auch möglich, daß wir in Fernen bis zu völligem Verschwinden der Fixsterne hinter uns gelangten, ohne neue vor uns auftauchen zu sehen, und daß nach nicht angebbarer Größe einer Kluft zwischen den Welten endlich wieder neue sichtbar würden.

Das alles sind leere Phantasieen, an denen nur zu verwundern ist, wie leicht sich beim Menschen für alles Unmöglichste das Wort einstellt. Es wird für den Unterschied des ersten und des zweiten Troelsschen Weltalters vollkommen genügen, wenn man statt der „Unendlichkeit der Welt“ die Größe der Welt, wie sie sich nach unserer jetzigen Kenntnis des Kosmos darstellt, einsetzt und die Frage nach der Endlichkeit oder Unendlichkeit ganz offen ließe. Aber vielleicht können wir doch durch rein begriffliche Erwägung noch weiter in ihr kommen.

Eine vollendete Unendlichkeit ist ein Widerspruch, hat E. v. Hartmann so oft betont. Aber da wird man eben sagen: Wir setzen ja eben die Unendlichkeit nicht als vollendet, sondern als unvollendet, und zwar gar nicht nur der Zeit nach, sofern noch immer Neues auftauchen kann und das Vorhandene in keinem fertigen, sondern flüssigen Zustande ist, vielmehr wirklich ihrem Bestande nach, der ja in diesem Falle das Merkmal der Endlichkeit gar nicht in sich trägt. Dabei behält E. v. Hartmann aber doch recht, daß man einen solchen Bestand wohl aussprechen, aber nicht als seiend denken kann. Das Unendliche stellt sich überhaupt heraus als etwas, was sich in die Worte wunderbar leicht hereindrängt, aber in jedem noch so kleinen Teile — der noch dazu von ihm gar kein Teil ist — sehr mühsam oder gar nicht zu machen ist. Eine einzige Meile auf der Erde zurückzulegen kann uns sehr sauer und schwer fallen, und wir werfen in Worten nur nur so mit Billionen von Meilen um uns, von denen wir in unseren obigen Phantasieen nicht eine einzige wirklich in Bewegung himmelwärts vollziehen konnten. Den leichtsinnigen Gebrauch von „unendlich“ sollte man geradezu verbieten in Wendungen wie „Ich bin Ihnen unendlich dankbar“, die besonders Wieland in der deutschen Sprache verschuldet hat und die sich mancher in abstoßender Gedankenlosigkeit angewöhnt. Diese Leichtigkeit in Worten, verbunden mit der Unmöglichkeit in Wirklichkeit, weist schon darauf hin, daß das „unendlich“ eine subjektive Kategorie, eine subjektive Spezialität in der Kategorie der Quantität ist, die sich bezieht auf die Möglichkeit im Denken, aber nicht auf das außer dem Gedanken Gegebene. Speziell das mathematisch Unendliche wird sich ergeben als ein auf die Sache übertragener Ausdruck für das nicht zu beendende Fortschreiten in dem Versuch, das Kontinuierliche durch das Diskrete, mit dem es inkommensurabel ist, zu messen.

Vielleicht ist aber Gott als unendlich zu denken, und seiner Unendlichkeit entspricht auch nur eine unendliche Welt, als die allein adäquate Bethätigung seines Wesens. In Brunos begeisterten Proklamationen einer Unendlichkeit der Welt oder der Welten spielt dieses Argument die hervorragendste Rolle, die übrigen sind meist gegen Aristoteles' Argumente für die Endlichkeit der Welt gerichtet, die sich jetzt so sehr aus den Gedanken der Menschen verloren haben, daß man sich nicht mehr ernstlich mit ihnen beschäftigt, und die durch sein mit ihnen zusammenhängendes positives Dogma von den acht Sphären und dem Nichts außer und hinter ihnen den Stempel der Absurdität aufgeprägt erhalten. Aber Gottes Wesen liegt nicht in der subjektiv idealen Sphäre in der das Prädikat des Unendlichen vergeben wird an die Quantität eigener unvollziehbarer Gebilde, auch nicht in der objektiv realen Sphäre der Welt, für welche die Anwendbarkeit des Prädikates „unendlich" schon sehr fraglich wurde, sondern es gehört seiner eigenen höchsten Sphäre an, für welche „endlich" wie „unendlich" sinnlos wird. Doch wenn wir die Quantitäts-Kategorie des Unendlichen im uneigentlichen Sinne innerer Qualität einmal auf Gottes Wesen übertragen, so entstehen auch eigene neue Schwierigkeiten. Daß einem unendlichen Wesen alle Daten seiner selbst zu einer Einheit konzentriert gegenwärtig sein sollten, ist nicht zu begreifen. Schon von „allen Daten seines unendlichen" Wesens zu sprechen, ist ein Widerspruch, denn die Totalität ist ein Gegensatz der Unendlichkeit. Im Unendlichen müssen Teile mit Teilen außer Beziehung sein. Und da ist wieder von Anfang an ein Widerspruch, von Teilen zu sprechen, denn vom Unendlichen ist kein Teil groß genug, ein Teil sein zu können. Zu Gott wird ferner ein „Weltplan" ein denknotwendiges Korrelat sein müssen. War ex hypothesi nur die Unendlichkeit der Welt der Unendlichkeit Gottes entsprechend, so müßte der Weltplan unendliche Momente umspannen. Aus unendlichen Momenten läßt sich aber nichts Bestimmtes kombinieren, unendliche Momente strömen an allen Grenzen über die Zusammenfaßbarkeit hinaus. Solche Erwägungen zwingen doch zu dem Urteil, daß man in der That das Prädikat unendlich nicht auf eine Realität beziehen, sondern auf die Möglichkeit in ihrer subjektiven Abwägung beschränken muß. Das Unendliche bezieht sich, wie Kant sagt, immer auf den subjektiven, in Gedanken sich vollziehenden und nie abschließenden progressus in infinitum. Denselben Gedanken drückt E. v. Hartmann so aus, daß auch das Absolute nach seiner Aktualität bestimmt endlich, nur nach seiner Potentialität unendlich zu denken ist. Die umsichtige und schöne Abhandlung L. Kuhlenbecks über die Unendlichkeitsidee in seiner Einleitung zu der Uebersetzung von Giordano Brunos „vom Unendlichen, dem All und den Welten" (Berlin, Lüstenöder 1898, S. 14—36) kommt trotz allem Enthusiasmus des Verfassers für Bruno doch zu demselben antibrunonischen Ergebnis.

Es ist klar, daß die Frage nach der Endlichkeit oder Unendlichkeit der Welt — „wohlverstanden nicht des Anschauungs- (oder Gedanken-)Raumes, sondern des gefüllten Wirklichkeitsraumes, der Materie" (Kuhlenbeck a. a. O. S. XIV) — zu der Entscheidung der Unendlichkeit nur gedrängt wird durch den Gedanken an den Raum, für welchen in der That keine Grenze zu setzen ist. Der Weltraum muß ja unendlich sein. Aber ob er auch ins Unendliche immer wieder neu von Weltkörpern erfüllt ist, das ist eine von seiner Unendlichkeit ganz unabhängige Frage. Seine Unendlichkeit besteht nur in dem progressus infinitus des Gedankens an ihn. Soweit sie von Aetheratomen erfüllt wäre, unterscheidet sie sich vom Nichts nur durch die Differenz solcher Atome vom Nichts; soweit auch die Aetheratome aufhören, ist er nur die Umwandlung des Begriffes vom Nichts in die Anschauung des Nichts. Seine unendliche Ausdehnung ist ja für niemanden und nichts schade, sie geniert ja niemanden und nichts. Wenn die einzige Hofdame des Himmels, die Welt, mit seiner unendlichen Schleppe auftritt, so schneiden wir sie eben ab, wo die Aetheratome die Schleppe nicht mehr sternbesäet funkeln lassen, und lassen den Rest gleichgiltig ins Nichts fallen. Dieser Rest bleibt und will sich immer wieder einmal zu einer Tortur für das Denken gestalten. E. v. Hartmann (Kategorieenlehre S. 150) giebt ihm gut den Laufpaß mit den Worten: „In dem potentiell dynamisch erfüllten Raum dürfen wir einen materiell nicht erfüllten und doch nicht in jeder Hinsicht nichtseienden Raum erkennen" Aber in jeder Hinsicht, die etwas zu bedeuten hätte, ist er wirklich Nichts. Freilich sagte Schopenhauer, wenn die Weltkörper im Raum jemals aufhörten, so verschwänden alle vorhandenen Sonnen und Sternnebel gegen den übrig bleibenden unendlichen Raum zu einem Nichts. Er sagt es, um auch von diesem Punkte aus für die bloße Idealität des Raumes und der Körperwelt zu wirken, weil ihre Realität angenommen so ungereimte Konsequenzen ergab. Allein das ist ein Gedankenspiel, das nichts besagt, denn schon gegen ein einziges empfindendes Wesen ist vielmehr der Raum als solcher ein Nichts, und der etwa über den erfüllten überschießende leere Raum kann auf keine Weise das Gewicht der Welten als federleicht gegen ihn in die Höhe schnellen.

Die Idealität des Raumes bleibt allein noch übrig, um vielleicht die ganze Frage nach der Endlichkeit oder Unendlichkeit der Welt noch in ein ganz anderes Licht zu rücken, einer ganz anderen Entscheidung zuzuführen. Die Idealität des Raumes hat nachgerade, seit Schopenhauer, dann Kuno Fischer und F. A. Lange und nach ihnen der ganze Chor der Metaphysiker von Profession, mit Ausnahme Trendelenburgs, Ueberwegs, E. v. Hartmanns und Arthur Drews' sie mit so begeisterten Worten als die unvergleichliche Entdeckung des Tiefsinnes Immanuel Kants gepriesen haben, so weithin in der Menschenwelt ihren Widerhall gefunden, daß sie die Spatzen von allen Dächern pfeifen und bis in die populärsten Erörterungen herunter gelegentlich das Urteil dringt, daß der Raum „bekanntlich" nur „die Form der menschlichen Anschauung sei". Nun wird die Idealität des Raumes mit der Frage der Endlichkeit oder Unendlichkeit der Welt in den Zusammenhang gebracht, daß man so argumentiert: Denkt man sich die Welt als real im Raum existierend, so läßt sich sowohl die Thesis „die Welt ist endlich" wie die Antithesis „die Welt ist unendlich" apodiktisch beweisen. Führt also die Voraussetzung zu einem unvermeidlichen Widerspruch, so kann sie nicht richtig sein, die Welt also im Raum nicht als Ding an sich, sondern nur als Erscheinung existieren. So Kant und mit ihm viele, und nicht nur die, welche durch Kants positive Gründe für die Idealität des Raumes sich überzeugt erklären, sondern auch manche, wie z. B. Lotze, welche erst diese indirekte Beweisführung aus der kosmologischen Antinomie als entscheidend für die Idealität des Raumes ansehen. Schopenhauer dagegen, welcher die Lehre von der Idealität des Raumes (und der Zeit) so über die Maßen verherrlicht, findet Kants direkte Beweise für sie (in der „transscendentalen Aesthetik" der Kritik d. r. V.) überwältigend und unanfechtbar, den indirekten aus jener Antinomie erklärt er für eine überflüssige Spiegelfechterei, da nur die Unendlichkeit der Welt folge, wenn die Welt als real im Raum angenommen werde. Die Sache ist aber diese, daß der Raum sowohl als reale äußere Form des Seienden (oder, streng genommen, desjenigen Seienden, das in ihm ist) aufgefaßt, wie als subjektive Anschauungsform verstanden, als unendlich prädiziert werden muß, im letzteren Falle mit aller Bestimmtheit nur in der Vorstellung des möglichen subjektiven progressus in infinitum, daß dagegen über die Endlichkeit oder Unendlichkeit der Zahl der in dem als real gedachten Raume existierenden Körper, insbesondere Weltkörper, kein apodiktisches Urteil nach einer der beiden Seiten möglich ist, die Wahrscheinlichkeit mit guten Gründen sich eher zur Seite der Endlichkeit neigt. Ein Widerspruch findet also gar nicht statt, welcher die Idealität des Raumes anzunehmen zwänge, um ihm zu entgehen. Außerdem aber wäre ja nicht zu verstehen, warum der Widerspruch thatsächlich eher im Idealen oder „der Geistesorganisation" als gegeben angenommen werden könnte, als im Realen. Denn das Reale ist ja nicht so direkt mit der Vernunft verwandt, wie das Ideale, dessen Spitze und Königin die Vernunft ist. Der Widerspruch wird allerdings unzähligemale in der subjektiven Sphäre des Idealen begangen, nämlich speziell in der Geistesthätigkeit des Urteilens, aber nicht infolge eines Zwanges der Organisation zu ihm, sondern wegen ihrer fehlerhaften Benutzung, die aufzudecken die Organisation selbst ermöglicht. Andere erklären die Annahme der Realität des Raumes für eine in der Frage, ob die Welt endlich oder unendlich sei, zu grunde gehende, sich selbst aufhebende Ansicht, nicht weil sie zu dem Widerspruch der von Kant behaupteten kosmologischen Antinomie führe, sondern weil sie zu dem in sich selbst widersprechenden Resultat nur der Unendlichkeit führe. Wir haben aber gesehen, daß sie das nur in Beziehung auf die Unendlichkeit des Raumes thut, die eine ganz unschuldige Unendlichkeit ist, aber nicht in Beziehung auf die Anzahl der realen Körper im realen Raum, daß diese als unendlich anzunehmen vielmehr eine einerseits nicht zwingende Annahme ist, andererseits aber eine solche, der gewichtige Gründe entgegenstehen und der gegenüber der menschliche Geist seine Unfähigkeit, sie zu fassen, eingestehen muß.

Die Lehrmeinung von der Idealität des Raumes ist aber aus anderen Gründen auch eine falsche Lehrmeinung. Das ist jetzt beinahe ketzerisch zu behaupten und zieht den Hohn der meisten „Philosophen" ex professo auf sich, soll aber doch ausgesprochen und begründet werden, weil die Pflicht der Wahrhaftigkeit es ist, die dieses Anschwimmen gegen den Strom gebietet.

Entweder nämlich versteht man unter Idealität des Raumes nichts anderes, als daß der Raum als solcher, als Ganzes oder vielmehr als unendlicher, kein Objekt der Wahrnehmung sei, sondern nur in einer Idee von ihm vorkommt. In der That giebt keine Wahrnehmung den leeren, keine den unendlichen Raum, sondern immer nur erfüllte und wenn auch nicht von bestimmten Grenzen umschlossene, so doch endliche Räume. Aus diesen empirischen Räumen ist „der Raum" eine Abstraktion, der unendliche Raum eine Synthese, eine versuchte Imagination. Diese Idealität des reinen Raumes ist noch ein ganz unschuldiger psychologischer Satz, der noch nicht die wahrhaft ungeheueren und ungeheuerlichen Folgen nach sich zieht, die man meist mit der Idealität des Raumes verbindet. Mit der Kantschen, zunächst einmal auf die psychologische Genesis von uns einzuschränkenden, Ansicht vom Raum stimmt sie nicht zusammen. Nach Kant wird der Raum „als unendlich gegeben vorgestellt" und besteht seine Idealität — ohne ihre weiteren Konsequenzen — zunächst darin. „Er wird .. vorgestellt", das ist eine Behauptung, die sich muß von allen, die den Raum vorstellen, an sich und auch bei anderen kontrollieren lassen. Die Kontrolle fällt dahin aus, daß sich kein Mensch, und noch weniger ein Tier, den Raum „als unendlich gegeben" vorstellt. Die Räumlichkeit, d. h. der Charakter der äußeren Objekte, daß sie räumlich sein müssen, haftet unserer äußeren Anschauung mit Notwendigkeit an, aber nicht der fertige reine Raum als solcher, der von unserem Subjekte nach allen drei Dimensionen ins Unendliche projiziert würde. Eine Idealität des Raumes ist auch die nach dieser Kantschen Auffassung, nur daß sie zur kontrollierbaren psychologischen Wirklichkeit nicht stimmt. Die Hineinversetzung der äußeren Objekte in den Raum soll nach Kant (und Schopenhauer, der ihm hierin mit aller Energie zustimmt), nicht denkbar sein, wenn nicht der Raum selber zuvor, a priori, gegeben wäre. Es läßt sich doch aber recht gut denken, daß diejenige bestimmte Räumlichkeit, welche den jedesmaligen Dingen an sich mit Notwendigkeit anhaftet, jedesmal die ganz bestimmte Raumerfüllung des jedesmaligen Inhaltes der äußeren Wahrnehmung schafft und nicht in den als unendlich gegebenen Raum hineinträgt, daß sie von einem allgemeinen Raum nichts enthält, sondern eben nur die Notwendigkeit, daß die äußeren Objekte räumlich sein müssen, in individueller Weise erfüllt.

Doch das sind untergeordnete Unterschiede. Gewöhnlich wird unter Idealität des Raumes mit Kant, bei dem sie in dieser Konsequenz mit Einem Male fertig dasteht, als ob sie durch die Apriorität des Raumes mitgesetzt wäre, die wahrhaft exorbitante Lehrmeinung verstanden, daß auch die ganze Körperwelt als solche infolge der Idealität des Raumes mit ideal wäre, daß sie die nur für das vorstellende Subjekt bestehende Erscheinung eines unbekannten, unerkennbaren, jedenfalls unräumlichen Etwas wäre, daß die Körper nichts wären als „eine Erscheinung in der Sinnlichkeit unseres Subjektes und eine Art Vorstellungen derselben". Mit dieser Auffassung stürzt das ganze Leben mit seinen Grundvoraussetzungen, stürzt auch die ganze Naturwissenschaft zusammen, da beide die körperlichen Dinge, mit denen sie sich beschäftigen, als wirkliche körperliche Dinge und nicht als ein unräumliches Etwas nehmen, das nur durch einen Zwang unserer Organisation für uns, aber auch nur für uns und den Bereich unserer Vorstellung, zu dem gänzlich Anderen von räumlichen Gebilden umgeformt wäre. Von „Menschen" kann auf diesem Standpunkt nicht die Rede sein, denn Menschen werden stets als geistig-leibliche Wesen vorausgesetzt, und einen Leib giebt es ja auf diesem

Standpunkt nicht, sondern nur ein unbekanntes unräumliches Etwas, das unter anderem auch als Leib erscheint, d. h. den unbekannten Vorstellenden, durch die Organisation (NB. eines unräumlichen Etwas, das „organisiert" soll sein können, als ob nicht „Organisation" eine bestimmte Verbindung räumlicher Teile eines räumlichen Ganzen voraussetzte!) in ihrer Vorstellungsweise für ihre Einzelvorstellungen vorgespiegelt wird.

Denkbar zunächst ist die Idealität des Raumes in diesem Sinne, in dem sie überhaupt erst zu einer unsäglich bedeutungsvollen Meinung sich verwandelt, übrigens häufig mehr mit schüchterner Verhüllung als mit offenem Mut in aller Nacktheit vorgetragen wird, obgleich sie sich doch erst durch volle Unumwundenheit ehrlich der Kritik stellt. Daß die Vorstellungsthätigkeit und das Denken in Umformungen des Stofflichen besteht, läßt sich sehr vielfach nachweisen, Alfred Biese's geistvolles Buch „Die Philosophie des Metaphorischen" beruht auf der Durchführung dieses Gedankens, und ein Teil dieser Umformungen, und zwar der wichtigste, vollzieht sich jedenfalls zwangvoll und unbewußt, wie es auch mit der Umformung des Unräumlichen ins Räumliche sein würde, trotzdem erst E. v. Hartmann mit Deutlichkeit der Kantschen Auffassung diese ihr notwendige Ergänzung hinzufügt. Denkbar wäre es also, daß die Seele — die „Organisation" darf man also nicht mehr sagen — mit der Umformung nicht auf die Umwandlung der Aether- und Luftschwingungen in die subjektiven Qualitäten der Farben und Töne sich beschränkte, sondern sogar die Umwandlung des Unräumlichen in Räumliches schon als ihre ursprünglichste Zugabe zu dem ihr gegebenen Anstoß hinzufügte. Ihre Umwandlungskraft müßte in diesem Falle allerdings als ganz wunderbar groß angesehen werden, da sich die Umformung aus dem ätherischen Unräumlichen in die derbe Konsistenz der Körper doch als noch etwas ganz Anderes ergeben würde, als die Verwandlung zartester Schwingungen von Licht- und Luftwellen in die ungreifbare Wesenheit von Farben und Tönen. Die Natur der Seele würde also so gedacht, daß ihr ein unwiderstehlicher Betrug sich aufdrängte, ihre reine innere Zuständlichkeit für sich als eine an sich bestehendende Körperwelt zu behandeln.

Denkbar ist das noch eben und aus der Analogie des Traumes zu belegen, auf die sich in der That der „Traum-Idealismus“ öfters beruft, trotzdem der wesentliche Unterschied besteht, daß der Traumwahn immer durch das Erwachen ad absurdum geführt wird, der idealistische Betrug aber durch das ganze Leben anhalten würde. Auch kann der Traumwahn nur neben einem zur tiefsten Kritiklosigkeit, die das Unmöglichste für wirklich nimmt, depotenzierten Zustande des Bewußtseins bestehen, der idealistische Wahn würde ruhig mit sonstiger kühlster Besonnenheit zusammenwohnen. Denkbar ist es noch eben, und auch das zerstörte Leben und die vernichtete Naturwissenschaft würde sich in gewissem Sinne wieder aufrichten: beide würden sich nun ein für allemal sagen, daß die vermeintlichen Körper in Wahrheit nur Vorstellungen seien, für jeden konkreten Fall aber davon absehen und ruhig mit den Vorstellungen wie mit Dingen umgehen. Aber die Denkbarkeit stellt sich durch die folgenden entscheidenden Betrachtungen als ein so extremer Grad von Unwahrscheinlichkeit heraus, daß sie aus allem vernünftigen Denken eliminiert werden muß.

Der räumlichen Welt der Vorstellung entspräche ein unräumliches Etwas als das wirkliche Seiende. Nun wäre es die erste Möglichkeit, daß von dem unräumlichen Etwas ein für allemal die ganze Mannigfaltigkeit der Dinge der Vorstellung als von dem (Singular!) zugehörigen Ding an sich hervorgerufen würde. Aber warum dann in diesem endlos bunten Wechsel der Erscheinungen und in der ganz abgegrenzten Mannigfaltigkeit der einzelnen so höchst partiellen Weltbilder? Das wäre ganz unbegreiflich. Zu der Welt als Vorstellung gehört „das“ Ding an sich, als das kollektive Korrelat, zu den zahllosen Dingen der Vorstellung gehören, den einzelnen entsprechend, die Dinge an sich. Nun sind die vielen Dinge der Vorstellung höchst mannigfaltig in ihrer räumlichen Gestalt, z. B. tausende von Gegenständen in einem Arbeitszimmer oder einem Kaufladen oder der freien Natur. Die subjektive „Organisation“ könnte überall nur das Eine hinzuthun: die Räumlichkeit überhaupt. Die so unendliche Verschiedenheit in der räumlichen Gestaltung der Dinge und ihrer Teile müßte einer solchen Verschiedenheit in dem unräumlichen Wesen des jedesmaligen Dinges entsprechen. Nun aber besteht bei den räumlichen Dingen der Vorstellung meistenteils ihr ganzes Wesen eben in ihrer individuellen oder generellen Besonderheit der **räumlichen** Gestaltung und erschöpft sich geradezu in dieser, z. B. bei allen Werkzeugen und vielen Gebrauchsgegenständen. Von einem unräumlichen Wesen z. B. dreier Gegenstände, die ich gerade vor mir sehe, eines Aschenbechers, eines Cigarrenspitzabschneiders und einer Briefwage, zu sprechen, hat gar keinen Sinn. Sie sind von der grenzenlosesten, ganz individuellen Besonderheit ihrer stereometrischen Gestaltung, deren Kubikinhalt genau auszudrücken eine den größten mathematischen Kopf verspottende Aufgabe sein würde. Woher sollte denn diese kommen, aus dem ganz allgemeinen Zwange der Organisation zu der Verräumlichung ihrer Reize? Woher aus der Mannigfaltigkeit entsprechender unräumlicher Dinge? Diese könnten doch des näheren, wenn irgendwie, nur als „geistig" gedacht werden. Ein geistiges Wesen solcher Dinge und vieler hunderte und tausende anderer! Das Wesen dieser Dinge und ihrer Teile besteht eben ganz in ihrer räumlichen Besonderheit und ist abgesehen von dieser ein leeres Wort. Folglich ist es widersinnig, dieses Wesen in spezifische Differenzen eines unräumlichen Etwas zu verlegen, die schon vor der subjektiven Verräumlichung im Unräumlichen beständen. Folglich ist die berühmte Idealität des Raumes mit diesen ihren Konsequenzen ein Widersinn.

Man könnte sagen: Die unendliche Mannigfaltigkeit der Formen hat zuerst im Geiste bestanden und ist von diesem dem Stoffe aufgedrückt; da wir aber (mit Aristoteles) ganz richtig das Wesen in die Form setzten, so wurzelt alles Wesen eben im Geiste. So könnte man sagen: aber zaubert denn diese geistige Vorstellung der Formen für sich schon die Dinge, denen diese Formen aufgeprägt sind, in den Raum? Die Thatsache besteht doch, daß das Formenspiel ruht, wenn es nicht von anders woher — das kann nur heißen: aus dem Seienden selbst — seine Anregung erhält. Damit stimmt doch nur die Auffassung, daß man sich eingesteht: Materie ist erst wirklich mit diesen Formen imprägniert, und der Anstoß zu der Vorstellung der geformten Dinge geht nicht von der subjektiven Vorstellung der Formen, sondern von den vorher wirklich geformten Dingen selber aus. Das Wesen liegt in der Form, aber die Form ist mit dem Stoffe verschmolzen, und es wirkt nicht in der Abstraktion vom Stoffe das jeweilige Wirklichkeitsbild.

Der subjektive Idealismus sollte also aus der Philosophie hinausgeworfen werden, in der er seit Schopenhauer leider einen so beklagenswerten Raum einnimmt. Das ist nur daher zu erklären, daß diese „Philosophen" gar nicht aus der dämonischen Gewalt der Wirklichkeit zur Philosophie getrieben werden, sondern aus Büchern, deren Wirklichkeitsmoment, die unendliche räumliche Mannigfaltigkeit ihrer ohne reale Räumlichkeit sinnlosen Zeichen, sie dabei unterschlagen. Es ist ferner vermutlich leider auch daraus zu erklären, daß die Verkündung der Idealität der Körperwelt den Schein eines besonderen Tiefsinns verleiht, in dessen gleichen sich alle Kasten stets gern eingehüllt haben.

Ich weiß wohl, daß die idealistische Auffassung der Körperwelt sich zu einer nebelhaft spitzfindig durchgeführten Theorie ausgebildet hat. Da sollen von den Elementen unserer obigen realistischen Erklärung der Wirklichkeit die Vielheit und die Dinglichkeit, die wir als aus der realen Seite des Wirklichkeitsbildes stammend voraussetzten, auch nur subjektive Kategorieen sein, die „wir" (NB. wo es keine Vielheit giebt!!) dem formlosen unräumlichen Stoffe des unbekannten Etwas in unserem ungewollten Bilde von ihm aufdrückten, und Kant soll die Anwendung der Kategorieen auf das Ding an sich „verboten" haben. Woher aber die Gutgläubigkeit, solches „Verbot" zu respektieren, wenn gar nicht entferntest verständlich werden kann, wieso wir gezwungen würden, eben in dieser Weise die Kategorieen auf das kategorieenlos Formlose des unbekannten Etwas anzuwenden? Woher sind nun eben diese Dinge der Erscheinung aus formlos Unbekanntem von der Kategorie der Dinglichkeit (und keiner anderen) ergriffen und dadurch das unräumlich Unbekannte zu eben diesen Dingen subjektiv umgewandelt? Natürlich nicht aus der nebelhaft grauen Theorie solcher Behauptungen, sondern weil in dem außerhalb der subjektiven Seite G e g e b e n e n die Dinge und ihre Teile — die wir wieder (Unter-)Dinge nennen können — durch ihre Abgrenzung im Raum gegen einander als Dinge gegeben sind. Ich schließe diesen Abschnitt noch mit zwei Citaten aus einer kleinen interessanten Schrift aus dem Jahre 1862, Berthold Suhle: „Arthur Schopenhauer und die Philosophie der Gegenwart", die jeder unbefangene Verstand unterschreiben muß. In der Kritik der subjektividealistischen Erkenntnis- und der Wirklichkeitstheorie heißt es dort S. 42: „Wie die Kategorien das Gegebene unter sich teilen, darüber scheint kein Vertrag unter ihnen geschlossen zu sein; ihren Funktionen nach zu schließen, müssen sie oft mit einander in Streit geraten." Und S. 62: „Die Daten werden doch wohl gar viel sagen müssen, sie werden zum Teil doch wohl selbst schon räumliche Vorstellungen sein, und die Kenntnis der Realität wird darauf beruhen, daß man die Data nicht nach einem Gesetze, nach einer Form a priori, sondern in jedem einzelnen Falle so kombiniert, wie sie gegeben sind."

Die quälende Verlegenheit, sich für die Endlichkeit oder Unendlichkeit der Welt zu entscheiden, hatte zu dem Versuch geführt, zu fragen, ob sie nicht vielleicht weder endlich noch unendlich, weil überhaupt dem Raum nur als Erscheinung angehörig, sei. Dieser Versuch muß also meiner Ueberzeugung nach scheitern. Wer ihn dagegen für erfolgreich hält, schafft dennoch das, was an der „Unendlichkeit der Welt" das Sichere und Entscheidende ist, damit nicht beiseite: den gegen die vorkopernikanische, vorbrunonische und überhaupt ehemalige und veraltete Meinung und Erkenntnis entweder unendlich oder doch unaussprechlich vergrößerten Weltinhalt. Denn selbst wenn das Räumliche an ihm nur Erscheinung wäre, würde der so ungeheuer vergrößerte Umkreis des Erscheinenden auf eine entsprechende Vergrößerung, die für das Seiende anzunehmen wäre, hinweisen. Auch würde der großen Mehrzahl der Menschen immer viel eher der Gedanke, daß es noch viele andere ähnliche Welten und auf ihnen menschheitsähnliche Geschöpfsbereiche giebt, eingehen, als der Gedanke, daß das nur eine innerhalb der Erscheinungssprache giltige Ausdrucksweise sei und sich eigentlich dahinter noch ein unbekannter wahrer Sachverhalt verbärge, den wir nur in dieser Um-Uebersetzung fassen könnten.

Wenn ich übrigens nicht umhin kann, die Räumlichkeit als

eine reale Form des in ihr auftretenden Seienden anzusehen, so brauche ich mich nur mit einem Worte gegen die etwaige Unterstellung zu wahren, daß ich damit die Räumlichkeit für eine Form alles Seienden überhaupt annähme. In alle Erwägung des Wesens Gottes mischt sich nichts von räumlicher (oder zeitlicher) Bestimmung, wenn auch die Thätigkeit Gottes sich in die räumliche und zeitliche Welt erstreckt. Wie das gemeint ist, wird selbst dem philosophisch nicht geübten Verstande einleuchten, wenn man die beiden Sätze nebeneinander stellt: „Es hat Gott gefallen, heute . . zu . ." und: „Es hat heute Gott gefallen, . . zu . . ." Ueber den letzten Satz wird auch der einfache Mensch lachen, den ersteren sofort als korrekt empfinden. Ja, selbst alle inneren Thatsachen des kreatürlichen Denkens und Fühlens sind als solche, so wie sie sich von innen heraus ansehen und erleben, nicht räumlich, wenn auch ihre Entstehung nicht ohne Beteiligung des körperlichen Organismus, nicht ohne Affektion körperlicher Moleküle vor sich gehen wird. Auch Kant hatte ja deshalb den Raum nur für die Form des äußeren, die Zeit für die Form des inneren Sinnes erklärt.

Aus diesem vierten Kapitel werden wir also zu allem Folgenden die Eine große Thatsache mit herzubringen, daß der Inhalt der Welt durch den kosmischen Gedanken unaussprechlich erweitert ist, insbesondere, daß die Menschheit nicht als ein Unicum im Weltall anzusehen ist, sondern auf den unzähligen Planeten des Weltalls, wenn auch nicht in jedem einzelnen, so doch in zahlreichen Fällen ihresgleichen hat, oder dort wenigstens ihr ähnliche Wesensklassen bestehen. Dieses Resultat war so wahrscheinlich, daß es im Vergleich zu der anderen Möglichkeit, daß das nicht der Fall wäre, immer als assertorisch angenommen werden muß: wir werden es also immer und überall festhalten, die andere Möglichkeit immer und überall als ausgeschlossen ansehen.

Entgegen solchen Schriftstellern aber, wie Flammarion und auch Better, die über die Bewohner anderer Welten in positiven Phantasieen schwelgen und thun, als ob wir etwas Näheres von ihnen wüßten, ist es doch gut und um der Bewahrung der Umsicht willen empfehlenswert, daß wir uns stets der Wahrscheinlichkeitsschlüsse als der einzigen Erkenntnisquelle über diese Dinge bewußt bleiben und uns eingestehen, daß die näheren Ausmalungen ein unkontrollierbares Geistesspiel sind. Andererseits soll man doch ja nicht an der bloßen Wahrscheinlichkeit und an den mehrfachen Neu-Ansätzen in der Bildung des Wahrscheinlichkeitsurteils Anstoß nehmen. Eine Wahrscheinlichkeitsabschätzung aufstellen heißt es in diesem Falle oder ganz und gar auf alles Nachdenken über diese Dinge verzichten. Da letzteres unmenschlich ist, bleibt das erstere als der einzig mögliche Weg übrig. Das aber ist zuzugestehen, daß die Wahrscheinlichkeitserwägung mehrmals ganz neu und unabhängig von der Wahrscheinlichkeit des vorhergehenden Gliedes ansetzen mußte, daß sie also mehrmals verringert wurde, da die für das vorhergehende Glied gewonnene Wahrscheinlichkeit nochmals von neuem mit einem echten Bruch multipliziert werden mußte. Aber die Zahl der in den Wahrscheinlichkeitskalkül einzustellenden Sterne ging so sehr allermindestens in die Millionen, daß die Wahrscheinlichkeit für das letzte entscheidende Glied immer noch ein sich der Eins sehr annähernder echter Bruch blieb und die für die entgegengesetzte Möglichkeit in praktischer Beziehung, zu deren Diskussion wir nun übergehen müssen, nahezu auf Null sank.

Fünftes Kapitel.

Troels hält die Menschheit für heimlich betäubt und entgeistert durch den im Verhältnis zu ihren Lebensjahren noch jungen Gedanken der Unendlichkeit der Welt*). Da müßte er

*) Ebenso sagt Brunnhofer in seinem Brunobuche S. 30: „Das ganze Weltall war nur des Menschen wegen da. Diesen Glauben sollte die Menschheit nun plötzlich aufgeben? Sie mußte es. Die Entdeckung des Kopernikus schlug wie ein Blitz aus heiterem Himmel in die traumversunkene Behaglichkeit der abendländischen Völker.“ Das hätte so sein können, ja sein müssen, tritt aber, infolge einer wundersamen Stumpfheit der Menschen, in der That gar nicht hervor. Wirklich fährt Brunnhofer auch fort: „Aber weder die römische Kirche, noch der eben aufstrebende Protestantismus hatten zuerst auch nur eine Ahnung von der ungeheuren Umwälzung, welche die neue Weltansicht in Geist und Gemüt der paradiesgläubigen (wozu das?) Menschheit

also eigentlich bedacht darauf sein, für die von ihm entdeckte Krankheit auch Heilungsmittel zu finden. Wir haben im dritten Kapitel gesehen, daß er auch sehr danach ausspäht, die Grundgefühle der Menschen zu ihrem Dasein wohlthätig zu beeinflussen, aber wir haben auch gefunden, daß er dabei das Spezificum für gerade das von ihm zuerst aufgezeigte Leiden viel zu wenig ins Auge faßt.

Es geht immer so, daß die Sachen vorwärts kommen, wenn ein erster Nachdenkender weitere folgende in seine Fußstapfen zieht. Die Troels'sche Krankheit erkenne ich in gewissem Sinne an und möchte sie nun auch mit einen Namen benennen, als der mir Apeirotaraxie (ἀπειροταραξία, Erschütterung durch die Unendlichkeit) der zutreffendste scheint. Die Krankheit scheint mir aber nach meinen Beobachtungen erst im Keime vorhanden. Vielleicht ist sie noch am stärksten zum Durchbruch gekommen bei den modernen Skandinaviern, die in letzten Jahrzehnten manche Symptome grübelnden Tiefsinnes aufgewiesen haben; die letzten Abschnitte des Troels'schen Buches wären eigentlich ohne diese Annahme schwer verständlich. Ich will den Medizinern gleich, die auf der Jagd nach Krankheitsbildern zu sein pflegen und gern individuell beobachtete Fälle in ihren Zeitschriften beschreiben, zunächst die wenigen zu meiner Kenntnis gekommenen Fälle zur Mitteilung bringen.

Bei der Schillerfeier im Jahre 1859 bewegte sich in einer deutschen Universitätsstadt der abendliche Festzug mit Fackelschein

---

hervorrufen mußte." Er nimmt also mit Recht seine Behauptung wieder zurück. „Da kam Bruno." Aber auch Brunos so überaus energische und mit dem Bewußtsein ihrer entscheidenden Kraft verbundene Hinweisung auf den Punkt, um deswillen die kopernikanische Umwälzung für die Menschheit so bedeutungsvoll sein mußte, hat an der Thatsache bis heute nichts verändert, daß die Menschheit diese Brunonische Einwirkung so wenig in ihr Bewußtsein aufgenommen hat und noch immer im großen und ganzen bei dem Traume ihrer centralen Bedeutung für das Universum beharrt. Vielleicht kann dieses Erinnerungsjahr an Brunos Martyrium darin einmal eine Veränderung hervorrufen, falls diese große Frage das Glück hätte, einmal über die Grenzlinie desjenigen, was gelesen und vergessen wird, in den Kreis der sogenannten „aktuellen" Interessen zu schlüpfen. Dann könnte das allgemeine Bewußtsein der Menschheit einen riesigen Fortschritt machen, zumal wenn die Frage dann unter allgemeiner Teilnahme auch gründlich und allseitig erwogen und zu einem gewissen Abschluß geführt würde.

und rauschender Musik zum Hauptplatz der Stadt, um dort die Festrede anzuhören, das Festlied zu singen und sich hernach zum großen Kommers zur Feier des nationalen Dichterfürsten zu begeben. Ein Jüngling machte nicht mit, sondern begab sich ganz allein im Dunkel der Nacht auf den Stadtwall, von wo die Klänge der Musik nur von ferne an sein Ohr schlugen, schaute zum Sternenhimmel empor, von dem gerade der Jupiter aus dem Sternbild der Zwillinge, hellglänzend nahe in seiner Opposition, herabschaute, und seufzte in seinem Herzen: „Da feiert ihr den Dichter der kleinen Erde und kennt gar nicht das wahrhaft Große, das hier aus der Unendlichkeit der Welten geheimnisvoll herunterleuchtet. Da droben wird es doch noch ganz andere Dichter geben." Der Jüngling war sehr auf dem Irrwege, und wir hoffen, gegen seine krankhafte Vereinsamung noch souveraine Heilmittel, in richtigen Gedanken bestehend, angeben zu können. Beteiligt mochte wohl auch der Verdruß sein, daß die ganz einseitig nationalistische Auffassung, die das Gepräge jener 1859er Feier war, dem wahren Wesen des großen Mannes ganz und gar nicht gerecht wurde; aber die Hauptsache war doch, daß hier einmal das ganz Besondere der Apeirotaraxie in die Erscheinung trat, derzufolge die Größe des Himmels das Große der Erde gegen Gebühr zerdrückte.

Ein zweiter Fall: Wiederum ein Jüngling hatte durch endlich in ungeahnt schöner Weise eingetretene Erfüllung eines jahrelang gehegten Lebenswunsches volle Ursache, sich glücklich zu fühlen. Er that es auch, fing damit wenigstens an. Da aber fielen ihn selbstquälerische Gedanken mit scharfen Klauen an, des Inhalts: „Du willst deiner eigenen kleinen Schicksale froh werden, während du nicht weißt, welches unermeßliches Weh vielleicht die Sonnen da droben auf ihren Planeten bescheinen, und überhaupt nicht weißt, was das zermalmende Schauspiel des sternbesäten Himmels soll?" Der Patient litt durch diese Gedanken qualvolle Brustbeklemmungen, und es war, als ob das Blut von der Oberfläche des Körpers weggeschluckt würde, bis nach einigen schrecklichen Tagen die Natur oder instinktive Vernunft, um zu weit gehender Erschöpfung vorzubeugen, eine heilsame Reaktion ausübte, indem sie die unlösbare Qual unter die Schwelle des Bewußtseins stieß.

Das sind also ganz gewiß Fälle einer neuen Krankheit. Man könnte sie wegen ihrer gewiß außerordentlichen Seltenheit auf sich beruhen lassen, obgleich die Pathologen sonst ja die singulärsten Fälle mit besonderer Vorliebe herbeiziehen. Aber Troels hat jetzt das Licht so nah an den Pulverturm herangebracht, daß nun eine Explosion alle Augenblick erfolgen könnte, er hat den Krankheitserreger beinahe dem Blute zugeführt, so daß ganz neue Verheerungen im Organismus auftreten könnten. Vorbeugung hält man mit Recht jetzt für weit besser als Behandlung bereits aufgetretener Krankheiten, und durch rechtzeitige Gegengabe eines unschädlichen Impfstoffes den Organismus gegen drohende schädliche Einflüsse unempfänglich zu machen, ist gewiß vernünftig.

Der Gedanke der Unendlichkeit oder, sagen wir vorsichtiger: der Größe der Welt ist einmal aufgegangen. Wie soll man es mit ihm halten? Soll er weiter unbeachtet in der Ecke liegen bleiben? Das widerspricht seiner überragenden Würde. Soll er ganz äußerlich neben andern Elementen lagern, bloß gewußt werden, aber keinen Einfluß üben? Die Seele hat doch sonst ihre Thätigkeit darin, die ihr zugetragenen Stoffe zu verarbeiten. Sollte sie bei dem gewaltigsten aller Stoffe eine Ausnahme davon machen? Oder soll der Gedanke der Größe der Welt in Fluß geraten und mit den andern Elementen des Seelenlebens eine innere Verbindung eingehen? Wird da eine solche möglich sein, welche die andern nicht aufzehrt, welche sowohl der Wahrheit entspricht, wie auch die Gesundheit des menschlichen Wesens und seine Angepaßtheit an seine kosmische Lage als eines Erdenbürgers bewahrt? Troels scheint doch den Glockenschlag gegeben zu haben, daß das alles einmal zur Erörterung kommt. Und warum auch nicht, da sich überhaupt der Umkreis der menschlichen geistigen Interessen in unserer Zeit so fühlbar durch Aufnahme von immer neuen Elementen erweitert, an die oft bis dahin kein Mensch im entferntesten dachte.

Unsere Zeit will, wie mir scheint, auch von ihren Büchern „etwas Reelles“ haben. Aber auf die „Weltanschauung“ geht sie von allen Ecken und Enden — auch einen ganzen Anteil von Selbstbetrug davon abgerechnet — in Poesie und Prosa so ausdrücklich aus, daß sie offenbar den Besitz einer Weltanschauung als etwas sehr Reelles ansieht. Und mit vollstem Recht. Was man in dieser Beziehung in sich trägt, das verbindet sich in mannigfachen Abstufungen der Deutlichkeit mit allen Momenten des inneren Erlebens, die das Reellste sind, was es auf der Welt geben kann; mindestens als leise Harmonie klingt es zu allen Melodieen an, die sich innerlich abspielen. Für die Weltanschauung aber kommt es ganz gewiß ganz entschieden darauf an, welches Element in ihr die Größe der Welt spielt. Darauf soll alles Folgende hinaus. Im Gegensatz zu Troels, welcher dies Element glaubt notgedrungen auf Jahrhunderte hinaus in der Schwebe gehalten sich denken zu müssen, halte ich vielmehr dafür, daß durch ruhig eindringende Erwägung gerade dieses Element zu einem einigermaßen gleichmäßigen Besitz der Bildung gebracht werden kann. Denn zunächst läßt sich das in dieser Beziehung Gegebene nicht schwer auf seinen wirklichen Inhalt bringen, und wenn man dabei mit Umsicht verfährt, auch der Grad der Erkenntnisgewißheit dieses Inhaltes für das Wahrscheinlichkeitsgefühl zu einer befriedigenden Höhe erheben. Die Lösung dieser beiden Aufgaben hat das vorige Kapitel angestrebt. Sodann läßt sich das, was auf diese Weise gewonnen wird, auch mit ganz bestimmten Seiten des Seelenlebens, auf die es einwirkt, in Beziehung setzen und lassen sich die Alterationen, die es darauf ausübt, sowie auch das neue Gleichgewicht einigermaßen feststellen. Das alles ist aber höchst wünschenswert. Denn, wie jeder fühlt, ist das Auseinandergehen der Meinungen in unserer Zeit ein wahrhaft schmerzlicher und drückender Zustand, dagegen die Gemeinschaft des Geistes in allen Gemeinschaften des Wesentliche des Guten und Ersprießlichen. Erscheint also in einer wahrhaft großen Sache die Einigung der Geister gar nicht so hoffnungslos, so ist das ein großer Gewinn.

Wir haben nun den Einfluß des kosmischen Gedankens, wie er sich vernünftigerweise zu gestalten hat, festzustellen erstens hinsichtlich der sich objektiv aus ihm ergebenden Konsequenzen, zweitens hinsichtlich seiner Wirkung auf das subjektive Seelenleben der Menschen, ihre „Lebensbeleuchtung", wie diese sich rationeller Weise unter ihr herausstellen muß.

I. Die aus dem kosmischen Gedanken zu ziehenden objektiven Folgerungen.

Diese reduzieren sich auf den Einen Hauptsatz: Nichts kann hinfüro mehr als wahr angenommen, gedacht und gefühlt werden und sich mit sonstigem Glauben und sonstiger Erkenntnis verflechten, was dem kosmischen Gedanken widerspricht, d. h. worin die Erdbewohner als das einzige oder wesentliche Interesse des Weltganzen betrachtet werden.

Man wird zunächst von mancher Seite her behaupten, die Möglichkeit oder auch Wahrscheinlichkeit, daß auch auf anderen Weltkörpern als der Erde vernünftige Bewohner existieren, hat man ja längst erkannt, das ist nichts Neues und schadet auch den bisherigen Gedankensystemen nichts. Darauf ist zu erwidern, daß der kosmische Gedanke bisher wohl gefaßt, aber ohne den ihm gebührenden Einfluß gefaßt ist, daß er unverdienter Weise beziehungslos und schattenhaft gehegt ist und daß einerseits Weltauffassungen, die vor ihm datieren, gar nicht so, wie sie sind, hätten konzipiert werden können, wenn der durch den Sternenhimmel gegebene wahre Thatbestand schon bekannt gewesen wäre, daß andererseits Weltauffassungen, die nach ihm datieren, gar nicht hätten aufkommen können, wenn er schon in Fleisch und Blut übergegangen wäre. Wer in sich selber mit voller Deutlichkeit innegeworden ist, daß eben nur der kosmische Gedanke die unüberbrückbare Kluft bildet, die es unmöglich macht, auf diesen oder jenen Boden hinüberzutreten, nach welchem sonst Gründe des Verstandes oder Sympathieen des Gemütes mächtig hinüberziehen, der wird sich nie einreden lassen, daß der kosmische Gedanke eine so harmlose, in ihrem eigenen Käfig eingeschlossene Sache für sich selbst sei, als die er thatsächlich meist behandelt wird.

Es müssen in Zukunft modifiziert („umgebildet") werden erstens die in philosophischen Systemen mannigfach üblichen Kontrapositionen von Gottheit und Menschheit, zweitens solche Lehrmeinungen, nach denen die Menschheit eine entscheidende Bedeutung für das ganze Weltall gewinnt. Ihrem Wesen nach können von dieser Seite her diese Kontrapositionen bestehen bleiben, so wie sich sonst rechtfertigen können, aber das Moment des einmaligen Falles muß aus ihnen verschwinden. Wer den Thatbestand der Welt nicht aus materialistischen Voraussetzungen, auch nicht aus dem Zusammenspiel geistiger Monaden ohne dessen übergreifende Regelung durch die Centralmonade begreifen kann, auch nicht im stande ist, sich des Thatbestandes durch Verwandlung in subjektiven Schein (übrigens einen neuen Thatbestand von gleich herausfordernder Macht für das philosophische Denken) zu entledigen oder alles Nachdenken über ihn durch agnostizistische Hoffnungslosigkeit abzuschneiden, der muß in der That zu einer Kontraposition der Menschheit als des unvergleichlich ausschlaggebenden Momentes im Kreis der geschaffenen Dinge mit der Gottheit gelangen. Die Gottheit muß sie aus sich herausgestellt haben, entweder um ihrer, der Gottheit, selbst oder um ihrer selbst und der Menschheit willen. Die Gottheit muß entweder der Menschheit bedürfen oder sie aus freier Ueberfülle ihrer Kraft, was sich in mehrfacher Weise spezifizieren läßt, herausgesetzt haben. Aber die Eine Erdenmenschheit erfüllt nun diese Forderung des spekulativen Denkens nicht mehr, oder vielmehr der Sternenhimmel ist ein Gegebenes, das sie über-erfüllt. Das Bedürfnis des Absoluten oder seine überfließende Kraft müssen in ungeahnter Weise potenziert gedacht werden. Drei Fälle werden möglich. Entweder entsprechen erst unbestimmt viele Wiederholungen von Menschheitsexistenzen auf den Planeten oder die allen bewohnten Planeten jedesmal proportionierten Existenzen von immer neuen Kollektivwesenheiten dem Wesen der Gottheit oder alle zusammen schließen sich erst zu einer Einheit der Wirkung für die Gottheit zusammen, welche die Kontraposition ihres Wesens im kreatürlichen Bereich ist. Die erste Möglichkeit ist wenig wahrscheinlich und läuft Gefahr, das Walten der Gottheit zu einem naturalistischen Spielen (wie in Heraklits: „das göttliche Wesen ist ein spielender, brettspielender Knabe") herabzusetzen, wogegen sich unser religiöses Bewußtsein auflehnt. Die zweite Möglichkeit, welche Giordano Bruno überall*) annimmt, ist sehr

*) Eine Hauptstelle der Gedankenwelt Giordano Brunos, die sich befindet in dem Einleitungsschreiben an der Herrn v. Mauvissière zu den Dialogen

ansprechend, sie vereinigt sich mit der ersteren durch das Moment, daß die Blüte und Spitze der Bewohnerklasse der übrigen Planeten wenn auch nicht menschheitsgleiche, so doch wenigstens durch das Merkmal der Vernunft oder Vervollkommnungsfähigkeit der Menschheit (bei allen Gradabstufungen abwärts und aufwärts) ähnlich angenommen wird, wodurch allein ja erst die Fähigkeit, der Gottheit kontraponiert zu werden, zu erreichen ist. Die dritte Möglichkeit ist gleichfalls so vernunftgemäß, daß die zweite ganz wohl mit ihr als ihre Vorbedingung zu kombinieren ist. Nur erhebt sich gegen sie eine große Schwierigkeit. Der einzige uns zur Beurteilung vorliegende Fall, die Entwickelung und der geistige Gehalt des Menschheitslebens, bildet in sich — immerhin, so oft man dabei auch fünf gerade sein lassen muß — eine Totalität. Wie sollte diese Totalität doch wieder nur als ein Teil einer unvergleichlich größeren Einheit von unbekannten und unbestimmbaren Elementen angesehen werden? Dieser Gedanke stößt uns mit Macht auf die Schranken unserer Erkenntnis. Nun legt auch noch der Grundgedanke der dritten Möglichkeit die Ausführungsbestimmung nahe, daß die vernünftigen Kollektivwesenheiten der Planeten zusammen wirken müßten. Interplanetare Telegraphie wäre dazu anscheinend das einzige Mittel. Aber diese ist einmal das reine Gedankenspiel und bleibt es vielleicht für immer, zweitens würde sie doch wohl in sehr engen Grenzen der Mitteilungsfähigkeit beschlossen sein, drittens würde sie doch das räumliche Getrenntsein der körperlichen Wirklichkeiten nicht ausgleichen können. Fällt aber damit die Kooperation der Planetenbewohner im Dienste der Gottheit für die Planetenbewohner selbst in sich als ein müssiges Gedankenspiel zusammen, so hindert doch nichts, daß sie für den Standpunkt der Gottheit besteht. Auf alle Fälle darf die Ausschließlichkeit der Erdenmenschheit zur

---

von dem Unendlichen, übers. von Kuhlenbeck, Berlin, Lüstenöder 1893, S. 24 lautet: „Gott gebührt das größte Abbild . . , die unendliche Darstellung des unendlich Dargestellten, ein Schauspiel, angemessen der Herrlichkeit und Erhabenheit, die nimmer ergriffen, erfaßt und verstanden werden kann. So nur rühmen die Himmel des Ewigen Ehre . . Nicht auf Einem, auf unzähligen Thronen strahlt seine Majestät, nicht auf Einer Erde, Einer Welt, auf zehnmal hunderttausenden, auf unzähligen."

inhaltlichen Füllung der formalen Denkforderung einer kreatürlichen Kontraposition des Absoluten nicht mehr angenommen werden, was aber bis jetzt in der Philosophie und Theologie meistens geschehen ist. Die Erdenmenschheit bekommt so den Verlust ihrer Ausschließlichkeit ersetzt durch den Gewinn, daß sie trotz aller unangebbaren Unterschiede zu einem mittleren Typus für alle vernünftigen Geschöpfheiten des Weltalls mit Wahrscheinlichkeitsgefühl erhoben wird, und die Gottheit gewinnt eine unermeßliche Vervielfältigung des Wirkungsbereiches ihrer Kontraposition.

Eine entscheidende und erschöpfende Bedeutung für die Lebensgeschichte des allgemeinen realen Prinzipes des Kosmos darf der irdischen Entwickelung nun nicht mehr gegeben werden. Das ist aber der Fall in der Hegelschen Philosophie, die in der Menschheitsentwickelung die Geschichte des Absoluten selber abschließt und dieses Momentes ihrer Weltauffassung entkleidet werden muß. Die Hegelsche Philosophie ist nach der Besonderheit ihrer Erscheinung in den Werken ihres Urhebers tot, aber sie führt ihrem Geiste nach noch ein mächtiges Leben, das vielleicht andauern wird, so lange Menschen auf ihren Grundton gestimmt sein werden, das ist ungefähr etwa eben so lange, wie nach Anastasius Grün bis zu der Stunde, die dem letzten Dichter geschlagen haben wird. Die Hegelsche Philosophie besteht ihrem Geiste nach in der Hingebung an das erstaunliche Schauspiel der menschlichen Geistesentwicklung; das unendlich Individuelle an dieser verschwindet ihr, aber für alles Wesentliche an ihr hat sie den erschlossensten Sinn, für jeden Takt des Neuauftretens der sie bestimmenden Macht das feinste Ohr. Wenn man einmal absieht von der dunklen Kehrseite, den Geburtswehen, in denen sie wird, den Mühsalen, in denen sie sich durchkämpft, der Ueberfülle von Spreu, die neben ihrem Mehl zur Seite fällt, den Leiden, die durch sie und durch die Schwere der Existenz überhaupt alle begleiten, die an ihr beteiligt sind, kurz von diesen Willensseiten des Daseins, gegen die der große Panlogist farbenblind war, absieht, so ist diese Geistesentwickelung in der That ein wahrhaft göttliches Spektakulum. Es kann geistvolle Naturen vollkommen hinnehmen, ja es kann auch der eigentliche Gegenstand religiöser Begeisterung werden, die Entfaltung des Geistes kann als der Zweck der Welt erscheinen, die hinnehmende Teilnahme an ihr als die höchste Wonne, die hingebende Mitarbeit an ihr als die heiligste Pflicht. Wartet doch Paul Nerrlich nur auf das religiöse Genie, das er von der ersten Hälfte des 20. Jahrhunderts erhofft, welches diese Hegelsche Geistesphilosophie nur zum Inhalt einer religiösen Gesinnung umgießen werde, um daran die Voraussetzung zu knüpfen, daß dieser Religion alles zufallen würde, was die Liebe zum Geistigen schon jetzt als seinen höchsten Schatz in der Brust trüge. Es mag sein, daß ein Bruchteil der Menschen so gestimmt ist und daß es an solchem Bruchteil nie fehlen wird. Es gehört dazu, daß die Augen verschlossen sind gegen den realen Gefühls- und Glückszustand der Menschen und der Wesen überhaupt, gegen die Schicksale der wirklichen Trägerschaft des Geistigen, gegen „die Schädelstätte der Geschichte", daß also das Reich des Geistes, losgelöst von seinen Wurzeln in der Wirklichkeit des Daseins, in welchem die Unbefriedigungen und der Schmerz wohnen, als ein Gebilde im reinen Aether bewundert und verehrt wird. Die große Masse der Menschheit, also die Mehrzahl derer, die der Schuh drückt, wird sich nie in diese Abstraktion von den wirklich empfundenen Zuständen verlieren können; selbst die goldensten Tage, die über der Erde aufgehen, werden an vielen psychischen Orten bei Mensch und Tier durch einen Schleier von Weh, Grauen, Blut, Verzweiflung erblickt. Hier aber, in unserem Gedankengange, kommt es darauf an, daß die Phänomenologie des Geistes hinfür nicht mehr als die Voll-Entfaltung des Absoluten selber betrachtet werden darf. Denn wenn das Absolute zahlreiche Erden aus sich herausstellt, darf es nicht mehr als auf unserer einzigen Erde sich ganz ausgebend angesehen werden. Diese Beziehung des irdischen Reiches des Geistes auf den Urgeist, kraft deren der Urgeist seinen ganzen Weg in ihr zurücklegen und zu seinem letzten Ziel gelangen soll, ist mit der Scheere des kosmischen Gedankens von der Hegelschen Philosophie abzuschneiden. Hegel hatte Schiller verbessern wollen mit der Umänderung der majestätischen Schillerschen Verse:

Aus dem Quell des ganzen Wesenreiches
Schäumt ihm die Unendlichkeit

in die Fassung:

Aus dem Quelle dieses Geisterreiches
Schäumt ihm die Unendlichkeit,

wobei Hegel zurückwies auf seine große Darstellung des menschlichen Geistesganges. Schiller aber, wohl durchdrungen von dem kosmischen Gedanken wie er war, hatte mit seiner auf die Sternenwelt übergreifenden, viel großartigeren Bestimmung vollkommen recht gehabt. Hatte doch Hegel, im Gefühl der vernichtenden Gegeninstanz der wahren kosmischen Einsicht gegen seine geocentrische Auffassung alles geistigen Geschehens, sogar die Möglichkeit neuer Planeten zwischen Mars und Jupiter durch Konstruktion a priori bestreiten wollen und die Ironie der Geschichte gegen den hohlen Eigensinn der Konstruktion erleben müssen, daß schon bei seinen Lebzeiten die größten von ihnen mit unzweideutiger Gewißheit entdeckt wurden, Ceres von Piazzi, Pallas und Vesta von Olbers, Juno von Harding.

Wenn also der noch so schön geordnete und noch so tief erfaßte Inhalt des Menschlichen nicht als die Fülle des, der alles in allem erfüllt, aufgefaßt werden darf, so darf auch der Menschheit nicht der selbstthätige Abschluß des ganzen Weltprozesses auferlegt werden, wie es in der Philosophie des Unbewußten geschieht. Denn der Wille der Menschheit ist nimmermehr im stande, die in dem ganzen Kosmos ergossene Schöpfungskraft aufzuwiegen. E. v. Hartmann war zu dem Resultat, daß der bewußte Geist die Aufgabe habe, eine dem unbewußten, blinden und unvernünftigen Schöpfungswillen überlegene Kraft bewußten Willens von entgegengesetzter Wirkung allmählich in sich anzusammeln und zum Abschluß des Weltprozesses in Thätigkeit zu versetzen, in einer Kette von rein begrifflichen Folgerungen gelangt, deren einzelnen Gliedern sich schwer etwas anhaben läßt. Er hatte dann aber als das Konkrete bewußten Willens, das für die Aufgabe in Betracht käme, immer den Menschheitswillen untergelegt, wohl unter dem Einflusse des Hegelschen Geocentrismus — denn der Noocentrismus bestand doch immer in der Centralstellung des menschlichen Nus (νοῦς) —, wie er denn bekennt, daß für ihn die Vorgängerschaft der Philosophen, namentlich der deutschen seit Kant, von viel größerer Wichtigkeit gewesen sei als die der Naturforscher. In diesem Punkte war es verhängnisvoll, daß die von ihm sonst so vollkommen wie von keinem anderen Denker beherrschte naturwissenschaftliche Erkenntnis so sehr außer acht gelassen war. Denn wäre diese in ihm lebendig gewesen, so hätte der kosmische Gedanke verhindert, ein Philosophem aufzustellen, welches zu der Größe der Welt in einem so handgreiflichen Widerspruch steht. E. v. Hartmann, der sonst seit der ersten Grundzeichnung seines Systems in der „Ph. des U." seine Philosophie nach allen Seiten so bewundernswürdig ausgebaut, vertieft und verfochten hat, ist eigentlich auf diesen Punkt, seine erste Konzeption von den letzten Dingen, noch nicht wieder eingehend zurückgekommen. Mündlich hat er mir auf meine Einwendungen erwidert, daß sehr wohl in Zukunft für die letzte Aufgabe der Menschheit die Kooperation anderer Planetenbewohner mit der Menschheit mittels interplanetarer Telegraphie in Anspruch genommen werden könne. Den oben schon mehrfach gebrauchten überkühnen Einfall interplanetarer Telegraphie verdanke ich ihm, ich selbst war nie auf ihn gekommen. Aber selbst diese „Errungenschaft" der Zukunft einmal angenommen, so würde sich doch wohl solche Telegraphie immer auf die Planetenbewohner unseres Sonnensystems beschränken, jedenfalls aber weit entfernt bleiben, die für den Zweck notwendige Majorität sämtlicher Planetenbewohner des Weltalls zu umfassen. Da dieser gigantische Gedanke E. v. Hartmanns von der Welterlösung durch Zurückschleuderung des Weltwillens in den friedevollen, seligen Zustand vor seiner Erhebung nun einmal hat zur Sprache kommen müssen, so ist doch hier auch zu sagen, daß er auch noch anderweitig sowohl aus der Richtung des kosmischen Gedankens als auch aus ganz anderen Instanzen her zu bekämpfen ist. Wer steht denn dafür, daß nach Einführung und Vervollkommnung interplanetarer Telegraphie auch andere Planetenbewohner sich als zu diesem Hartmannschen Gedanken vorgeschritten herausstellen, von ihm verständigt oder für ihn gewonnen werden könnten? Ferner aber: Gleichwie die Schaffung, so liegt auch die Vernichtung von Materie gänzlich außerhalb der Fähigkeit noch so kondensierten bewußten Willens. Der Gedanke: Ich will nicht, wir wollen nicht, ist noch weit entfernt davon, ein wirklich wirksamer, dem Urwillen gleichartiger und zu seiner Aufhebung befähigter Gegenwille zu sein. Endlich läßt sich das Motiv zur allgemeinen Willensverneinung schwerlich jemals als auch nur die größte Mehrheit der Menschenwelt mit Ueberzeugung erfassend denken. Das Motiv würde nach E. v. Hartmann in der Erkenntnis der mit allem Dasein verbundenen überwiegenden Unlust bestehen. Ausreichend ist dieses Motiv, wenn es da ist, und auch die logische Kraft des ihm zu grunde liegenden Gedankens (daß das Nichtvorhandensein eines mit überwiegender Unlust verbunden gedachten Daseins besser ist als seine Verwirklichung) ist unanfechtbar, sobald man sich mit ganz unbefangenem Denken in die Alternative vertieft, sie nämlich, wie das Sophokleische μὴ φῦναι τὸν ἅπαντα νικᾷ λόγον, ideell in die Schwebe der Entscheidung über Verwirklichung oder Nichtverwirklichung verlegt, wo noch keine ethischen Gegengründe, wie gegen den Selbstmord, entgegenwirken können. Aber erstens ist die „negative Lustbilanz“ des Lebens schwerlich jemals wissenschaftlich auszumachen, zweitens würde die objektive wissenschaftliche Ueberzeugung von ihr an den natürlichen Lebensinstinkten und -illusionen scheitern, drittens ist die dermaleinst gealterte Menschheit E. v. Hartmanns (Ph. d. U., Stereotypausgabe II, 388), die auf alle Lebenserfahrung der vorangegangenen Geschlechter als auf die ihrige gelassen und sterbesehnsüchtig zurückblickte, doch wohl ein Phantasiebild, da in allen Menschheitsgenerationen die Menschen immer neu geboren werden und zunächst die Lebensalter durchzumachen haben, mit denen sich jene Greisenhaftigkeit der Gesinnung der gealterten Menschheit nur in Ausnahmefällen verbindet. Der negative Endzweck des Prozesses muß also aus Gründen des kosmischen Gedankens und aus den angeführten anderen Gründen aus der E. v. Hartmannschen Philosophie fallen, als doch unerfüllbar, auch nicht überzeugend und voraussichtlich für immer viele der Beteiligten nicht ansprechend, sondern abstoßend.

Die Folgerungen E. v. Hartmanns aus dem Begriff des Prozesses: daß er um des Endzieles willen sei, also sein eigenes Aufhören anstrebe, erscheinen doch nicht zwingend. Hat doch z. B. Bruno aus dem Begriff des Prozesses gefolgert, daß er unendlich sein müsse, Kant einen Prozeß für vernünftig erklärt, in dem wir uns in der Asymptote dem Ziel ins Unendliche näherten, ohne es jemals zu erreichen, und sieht doch endlich, was mehr als beides sagen will, der natürliche Verstand der Menschen einen Prozeß als sinnvoll an, in welchem jedes erreichte Glied die Lust an dem Erreichten erwecke, ja auch das Gefühl des Fortschreitens selber schon von Freude und Begeisterung begleitet sei. Es mag ja sein, daß die begriffliche Erwägung, was wir mit der Aufstellung eines „Weltprozesses" eigentlich an Einzelurteilen über den Charakter des weltlichen Geschehens statuieren, mehr hindrängt zu der Auffassung, daß alles, was geschehe, um deswillen geschehe, was nach dem Prozesse sein solle, und E. v. Hartmann ist darin so recht ein Philosoph, daß er, wie die größten Philosophen es immer gemacht haben, mit dem Zwang seiner Begriffe geradeaus geht, es mag biegen oder brechen. Aber wir anderen, die wir gegen die Einwendungen der Erfahrung feinhöriger sind als ein Denker, in dessen Geiste es nun einmal lag, hier eine Synthese zwischen dem Leibnizischen Optimismus, der Hegelschen kühlen Selbstgenügsamkeit der Vernunft und dem Schopenhauerschen Pessimismus zu ziehen, — wir anderen fühlen doch, daß eine Brechung des Weltwillens in sich selbst durch universale bewußte Willensverneinung an der Peripherie ebenso wenig möglich ist wie durch Selbstmord und durch asketische Willensverneinung einzelner, und daß das „Ende des Prozesses" nur auf physischem Wege in den Partikularfällen des Stürzens einzelner Planeten in ihre Sonne erreicht werden mag, ohne auch dann den Gesamtprozeß aufzuhalten. Ist der Beginn der objektiv realen Sphäre nur durch die Erhebung des metaphysischen Urwillens aus der Potentialität in die Aktualität denkbar, so ist die Aufhebung der objektiv realen Sphäre auch nur durch zentrale Abwendung des Weltwillens denkbar, auf den auch der heißeste Weltverneinungswille der größten Büßer nicht den mindesten Einfluß gehabt hat, aller Theorie der Einheit von Wesen und Erscheinung zum Trotz, der also wohl in einer Tiefe wohnen muß, zu der niemand zudringen, niemand Motivation liefern kann. Die „Wiederbringung aller Dinge", die Umkehrung der Diastole (Schopenhauer, Parerga, Bd. II, § 162) in die Systole, den Moment, wo dieser Kosmos vom Schlag gerührt würde, müssen wir Gott überlassen.

Die Sache ist wahrlich wichtig genug, um sie auch noch zu

Ende zu gehen, nachdem sie von der Seite her, von der sie in den Weg kam, abgehandelt ist. In E. v. Hartmanns Spekulation über die „letzten Dinge" scheinen mir die allerwichtigsten Gedanken für die Zukunft der Menschheit berührt, nur nicht in die rechte Richtung gebracht zu werden, eben, weil in eine Richtung, in der die meisten einen Erfolg nicht wünschen, keiner an ihn glauben kann. Nun aber tragen die Menschen die Leiden anderer so leicht, weil sie im stillen immer ein leises „Gottlob, daß ich es nicht bin!" hinzufügen. Sie trügen sich auf die Trennung der Wesen durch die Individuation. Da aber wird einem ganz anders zu Sinne, wenn man einmal von dem Gedanken aus der Tiefe überwältigt wird, daß es ja gar keinen Unterschied für das wirklich zu Registrierende im Kreise des Erlebtwerdens ausmacht, welches Wesen es ist, das das Schreckliche erlebt, daß es allein auf die Thatsache ankommt, daß es von irgend einem Wesen erlebt wird. Dieser Gedanke läßt uns das fremde Leid gerade so ernst nehmen wie das eigene. Der so nur als ein psychologisches Geschehen ausgedrückte Gedanke wird (hier nach dem Vorgange Schopenhauers, vgl. E. v. Hartmann, d. sittl. Bewußtsein S. 782) von dem Philosophen des Unbewußten auf den metaphysischen Satz gebracht, daß eigentlich das allgemeine subsistierende Weltsubjekt der alleinige Träger alles Erlebens ist, zu dem hier nur gleichsam die Verbindungswege dem Innewerden der einzelnen Wesen unterbunden sind, wie Adolf Steudel (Theoret. Philos. Bd. II, S. 61) diese Anschauungsweise ergänzt, — denn zu ihr laufen von vielen Denkern her die Fäden zusammen. Nun aber sollte doch das Motiv dafür, alles an seinem Teile letzthin um des letzten negativen Weltzweckes willen zu thun, in dem Gefühl für den Gottesschmerz, den Schmerz des das Kreuz des Seins tragenden Gottes, liegen; und E. v. Hartmanns bekannter ausführlicher Versuch, das Uebenwiegen der Unlust in aller Existenz nachzuweisen, stieg so sehr bis in die kleinen, ja kleinlichen Details des konkreten Menschenlebens hinunter, daß der Leser dies Verfahren öfters durch die Zwischenbemerkung rechtfertigen mußte, von wie großer Bedeutung für den Gefühlszustand gerade auch die kleinen und höchst unheroischen Vorkommnisse zu sein pflegen. Die Herbeiführung des Nirwana erschien doch unmöglich: folglich kann die Linderung des „Gottesschmerzes" nur darin bestehen, daß wir den Unlustbetrag des Lebens herabzubringen, seinen Freudenertrag zu erhöhen versuchen, und nun natürlich nicht nur im Sinne des „großen Glückseligkeitslehrers Epikur" jeder für sich selbst, sondern jeder für andere wie für sich selbst. Dieses Losungswort, aus demselben Motive heraus, welches nun bei E. v. Hartmann nach so ganz anderer Richtung geltend gemacht wird, einmal ins Leben hinausgerufen, würde unter jauchzender Zustimmung der führenden Geister auch die Massen zu entzünden und fortzureißen die größte Macht besitzen und die größte und umfassendste Lebensverbesserung allmählich im Gefolge haben. Nach E. v. Hartmann befänden wir uns in diesen Jahrhunderten gerade „im zweiten Stadium der Illusion", demzufolge wir das Glück der Menschheit als in Zukunft zu verwirklichen ansehen. Es mag ja sein, daß das Streben danach wirklich nach Ablauf eines solchen Weltalters als eine Illusion erkannt werden würde, weil die dauernden und elementaren Quellen überwiegender Unlust doch nicht zu verstopfen wären. Aber in diesem Stadium würde die Illusion doch nicht als Illusion genommen, sondern als ein begeisternder praktischer Idealismus mit vollem Ernst; und es ist klar, daß das Leben eine Ueberfülle von Ansatzpunkten zu seiner Verbesserung in diesem Sinne bietet und eine Ueberfülle von wirklichen Verbesserungen auch zu erreichen ist. Thatsächlich ist E. v. Hartmann auch in der so reichen Nebenproduktion neben seinen großen systematischen Werken längst in diese Kurve eingebogen, höchst taktvoll in sich unterscheidend, was er als zeitgenössischer Publizist und was als Denker sub specie aeternitatis zu leisten hat.

Noch eine Modifikation aber würde, nicht gerade aus seinem Geiste heraus, der in dieser Beziehung nicht anklingt, wohl aber aus dem Schopenhauers und ähnlicher Naturen und der ganz frei über allem schwebenden philosophischen Betrachtung heraus, an seinen Spekulationen über den Weltzweck und was sich daran anschließt, noch vorzunehmen sein. Wenn die Universalwillensverneinung fallen gelassen werden mußte, so muß die partikulare Willensverneinung einzelner und ganzer Gruppen und Zeitrichtungen nicht nur nach ihrem Wesen und ihren geschichtlichen Erscheinungsformen mit unbefangenem und gerechtem Verständnis gewürdigt, sondern auch für die Zukunft für solche Ausnahmenaturen, die zu ihr geboren sind, freigegeben werden. Nicht nur aus kühler sachlicher Ueberzeugung von dem Uebergewicht der Unlust über die Lust im Leben kann diese eintreten, sondern auch aus ganz anderen Antrieben und Gefühlsüberwältigungen gewisser Naturen, die die freudig hoffende und in doch immer engen Grenzen kampf- und arbeitsfrohe Stimmung der weltlichen Gesinnung nicht mitmachen können. In irgend welcher Form wird Willens-verneinung, Askese, klösterliches Leben und daneben auch ihre Vorstufe, erhabene Melancholie und tiefe Gelassenheit des Gemütes, welche so ganz und gar nicht mit einstimmen kann in den Ernst, mit dem die kleinen Angelegenheiten der Menschen von den im Traum des Irdischen befangenen Vielen als so hochwichtig betrieben werden, — in irgend welcher Form wird dieses gegen die große Mehrheit der Menschen antipolare Verhalten oder wenigstens Empfinden einzelner stets vertreten sein, denn in der ganzen Weite des Menschenwesens liegt es einmal drin. Dies sollte man verstehen und in der allgemeinen Erkenntnis und Volksweisheit als selbstverständlich ansehen, daß es eben Willens-bejahungs- und Willensverneinungs-Gesinnung giebt und geben muß. Und wenn auch die bloße Stimmung von Lebensverachtung und Weltflucht als etwas gelten darf, das bekämpft und in das allgemeine Arbeitsleben für Erdengüter herübergezogen werden muß, so sollte eine wahrhaft aufgeklärte und freie Volksmeinung doch auch für alle Zukunft für die wenigen, denen es mit der Willensverneinung voller Ernst ist, klosterähnliche Institutionen in Aussicht nehmen, die allein solchen Naturen Genüge thun und der Vergewaltigung einer Lebensrichtung vorbeugen. Jetzt aber ist der Liberalismus noch so weit zurück, daß er in dieser Beziehung für illiberal hält, was wahrhaft liberal ist.

Einer Feder, die sogar für hartmannianisch gilt, möge man es zu gute halten, wenn sie in diesem Einen Punkt ein wenig über die Aufgabe hinausgeschweift ist, zu deren Behandlung sie sich durch den Titel dieser Schrift verpflichtet hatte. Denn für das leider in so beklagenswerter Weise vernachlässigte Studium der E. v. Hartmannschen Schriften ein Wort einzulegen, dafür muß ihr jede nur jede denkbare Veranlassung willkommen sein. Es scheint mir unzweifelhaft, daß gerade dieser Eine Punkt der eschatologischen Lehre, die Gedanken von der dermaleinstigen, als das höchste Ziel und als vollführbar angesehenen universalen Willensverneinung, die grandiose schriftstellerische Thätigkeit E. v. Hartmanns ihrer ersprießlichen Wirkung auf die Zeitgenossen beraubt und dazu beigetragen hat, diese in das unfruchtbare und verderbliche Studium der so krankhaft genialen Produktion Nietzsches hinüberzuziehen. Denn eine „Welterlösung" durch jene universale Willensverneinung halten alle für unmöglich, die meisten aber auch für eine ihrer innersten Gesinnung zuwiderlaufende Gedankenverirrung. Und gemerkt haben sich eben diesen einzigen Punkt der Hartmannschen Philosophie, wegen seiner so unvergleichlich drastischen Wirkungskraft, alle, auch solche, die sonst nichts von dem wunderbar umfassenden Gedankensystem dieses großen Geistes wissen. Die Entschuldigung aber für die eigene Trägheit, die Unterlassungssünde und Schädigung seiner selbst ist dann leicht zur Hand: den Mann, der eine solche Paradoxie oder gar Absurdität begangen hat, darf man um deswillen mit allen seinen erstaunlichen Gedankenschätzen auf sich beruhen lassen. Da sei es ihnen denn einmal wieder gesagt: daß man diesen Einen Punkt sehr wohl von der Hartmannschen Philosophie abziehen oder ihn in nebelhafter Ferne und ohne alles Beiwerk der Ausführungen, die ihm E. v. Hartmann einst als noch jugendlicher Schriftsteller gegeben hat, bloß nach seinem Grundgedanken stehen lassen kann, ohne damit irgendwie über diese Philosophie in ihrer Gesamtheit zu präjudizieren. Diese steht da als der größte und reichste Gedankenbau des letzten halben Jahrhunderts, der mit einer Denkkraft allerersten Ranges ausgeführt ist, welcher das empirische Wissen dieses vielleicht allseitigsten aller Philosophen der Neuzeit die Wage hält, wie denn diesem empirischen Wissen gegenüber die Bewunderung seines naturwissenschaftlichen Anteils mit der seines geisteswissenschaftlichen Anteils sich ablöst, in jeder der beiden Sphären immer wieder ein Höchstes menschlicher Begabung empfindend. Es erweckt das schmerzlichste Befremden, wie an der ungeheuren Schatzkammer der E. v. Hartmannschen Werke die Mitwelt in den letzten beiden Jahrzehnten so teilnahmlos vorübergegangen ist und sich nicht aus der vielfach so leichthin vergeudeten Zeit diejenige Arbeitssumme erübrigt hat, mit der ihr Fleiß zu ihrem höchsten Vorteil hätte wuchern sollen. Und das ist umsomehr zu verwundern und zu bedauern, weil diese vielthorige Philosophie jedem höheren Interesse die lockendsten Zugänge bietet, und weil man doch aus der publizistischen Nebenarbeit dieses großen Denkers, die so viele kennen lernen, den Eindruck davon trägt, daß in ihr immer eine unübertroffene Kraft des Gesamtgeistes der Gegenwart das Wort nimmt, immer wieder die entscheidendste Aufstellung großer, verwickelter und und viel umstrittener Fragen darbietend. —

Den aus dem kosmischen Gedanken für die christliche Religion sich ergebenden objektiven Folgerungen wird ein eigenes Schlußkapitel zu widmen sein.

II. Die aus dem kosmischen Gedanken zu ziehenden subjektiven Folgerungen.

Die Voraussetzung im folgenden ist, daß der kosmische Gedanke (nach demjenigen, im vierten Kapitel festgestellten Inhalt, in welchem allein er für die Menschheit von Bedeutung und nicht, wie in der Form, ob Endlichkeit oder Unendlichkeit, eine doch nie sicher zu entscheidende Doktorfrage ist), aus einem toten und und einflußlosen Wissen von ihm ein lebendiger und mit dem übrigen Geistesinhalt in Beziehung getretener Besitz geworden sein muß. Ein Buch wie das Troelssche muß aber in der That „Ereignis" werden, oder die wirkungsvollen Bücher unterscheiden sich von des spurlos verhallenden nach einer wahrhaft unwürdigen Laune und Zufälligkeit des Schicksals, wie das allerdings leider viel öfter der Fall ist, als es für die Menschen ehrenvoll und mit einer strengeren Giltigkeit aller auf das Geistige übertragenen Entwicklungslehre vereinbar ist. Für das obige vierte Kapitel aber muß ich leider der so verflucht notwendigen Bescheidenheit das sauere und unwillkommene Opfer abtrotzen, zu behaupten, daß in ihm der mächtige Troelssche Anstoß schon weiter geführt und nun auch das an dem Gedanken U für die Menschheit entscheidende Moment, die Wahrscheinlichkeit der Existenz zahlreicher — kurz zu sagen: Menschheiten auf den Planeten des Weltalls, in klarer Umrissenheit und mit Eindringlichkeit und Nachdruck ans

Licht gestellt ist. Dieser Inhalt des kosmischen Gedankens ist nunmehr aus vager, selten und gelegentlich einmal auftauchender Fraglichkeit zu einem Gefühl der Wahrscheinlichkeit seiner Thatsächlichkeit erhoben, mit der immer zu rechnen und deren Gegenteil zu verwerfen ist, und die isolierende Scheidewand zwischen ihm und dem sonstigen Geistesinhalt der Menschen ist nun durchgeschlagen. Die Lebensbeleuchtung der Menschen muß eine andere werden. Sie muß sich doch richten nach dem Grundgefühl für das Ganze der gegebenen Welterscheinung, und da ist es doch auf die Dauer unerträglich, daß der so ungeheuer größere Teil dieser Erscheinung einfach unterschlagen wird, wie dies bisher der Fall zu sein pflegt. Was Giordano Bruno in der That zuerst unter allen Menschen empfunden und mit aller Inbrunst als eine Hauptsache ergriffen hat, die überwältigende Wahrscheinlichkeit einer Vielheit der bewohnten Welten, das ist eine Erkenntnis, die nach dreihundert Jahren endlich zum Allgemeingut werden muß, weil Giordano Bruno es mit Recht empfunden hat. Wir werden freilich sehen, daß es durchaus darauf ankommt, für uns die Erde in ihr Recht gegen die Größe des Kosmos einzusetzen: aber es ist etwas ganz anderes, ob die Erde ihr Recht bekommt aus einem Sinne, der den kosmischen Gedanken mit in sich trägt, oder aus einem Sinne, der gegen ihn blind ist, ob der kosmische Gedanke in der Ecke steht, weil er niemals beachtet ist, oder, weil man ihn mit Bewußtsein in die Ecke gestellt hat und dort stets unter Augen behält, wie ein Lehrer einen ebenso hingestellten Schüler, während er sich doch auch ganz seiner Thätigkeit des Unterrichtens hingiebt. Es handelt sich im folgenden freilich nur um die Lebensbeleuchtung, und nicht um eine Verbesserung in der Herstellung des elektrischen Lichtes, es handelt sich um die Hinzufügung eines Imponderabile zum geistigen Allgemeingefühl und nicht eines wägbaren Schatzes zum realen Besitz, und doch wird sich die folgende Betrachtung in dem Vertrauen zum Menschenwesen ergehen, daß der Utilitarismus in jeglicher Gestalt nur einer oberflächlicheren und unedleren Schicht von ihm angehört, und daß es sich hier um eine sehr große Sache handelt.

Die erste subjektive Wirkung des kosmischen Gedankens mag die gewaltige Steigerung der Bewunderung der Schöpfung und der Verehrung der in ihr waltenden göttlichen Macht sein, — wenn man nicht auch ihm gegenüber verharrt bei der unendlichen Summe gegebener Uratome, als des letzten Prinzips, und ihrem Spiel in unendlicher Zeit, in der dann auch unter den möglichen Komplexionen die Zusammenballung zu Weltkörpern stattgefunden hat, auf denen der Fall des Lebens entweder auf sich warten läßt oder schon in der Entwicklung befindlich oder schon wieder vergangen ist. Das bloße Weltgebäude enthält in der That für sich allein nicht so sehr die Instanzen gegen naturalistischen Materialismus, wie die Erscheinungen des Geistigen, die uns in bestimmter Weise nur von unserem einzigen Planeten bekannt sind, es thun. Aber wo die Rückbeziehung aller Dinge auf den Quell des Urgeistes so wie so in überzeugungsvoller Sicherheit besteht, wird jene Steigerung des religiösen Gefühls für die Größe der Schöpfung aus dem kosmischen Gedanken ganz gewiß platzgreifen. Wenn sie das aber thut ohne Rückwirkung auf das schon sonst aus der Betrachtung der drei Naturreiche der Erde bestehende entsprechende Gefühl, dann hat man ein Wunder der Gedankenlosigkeit vor sich. Diese müssen doch nun als unendlich übertroffen erscheinen. Aber die geheime Scheu, daß das alte Besitztum erschüttert werden möchte, bringt diese Gedankenlosigkeit doch häufig zu wege. Wo man den kosmischen Gedanken ganz unbefangen wirken läßt, erfüllt er wirklich aufs tiefste mit dem religiösen Grundgefühl der Größe der Schöpfung, des ungeheueren Schauspiels des Daseins, an welchem man selbst an einem Punkte teilnimmt, erfüllt damit zunächst auch mit der allerüberwältigendsten Demut und Bescheidenheit, aus der der Uebergang zu dem doch auch für jede vernünftige Kreatur berechtigten notwendigen Selbstgefühl erst wieder gefunden werden muß. Und zwar fällt von der Wirkung des Gefühls staunender Bewunderung einerseits und tiefster Demut andererseits auf das Bild des gesamten Kosmos ein so großer Anteil, daß der Anteil der irdischen Natur in Gebirgen und Meer und der Fülle der lebendigen Geschlechter dagegen ganz in Schatten tritt. Bisher ist meist das Umgekehrte der Fall, und der Sternenhimmel hinkt, wenn er überhaupt mit zur Beachtung kommt, nur als ein Anhängsel der irdischen Schöpfung in der religiösen Erschütterung und Erhebung durch den Reichtum des Alls hinterdrein. Diese zuerst beschriebene Wirkung des kosmischen Gedankens ist eine erste sichere Mitgift von ihm an den Menschengeist, der für sein Bedürfnis nach der Empfindung der Erhabenheit nun erst sein größtes und würdigstes Objekt erhält und in dessen Besitze von ganz anderer Grundempfindung zu dem Datum des Daseins durchschauert sein wird. Aber diese erste Wirkung ist längst nicht alles, und wer bei ihr stehen bleiben wollte, der würde das eklatanteste Beispiel davon geben, daß die inneren Elemente bei ihm, wie feste Moleküle, äußerlich neben einander liegen und sich nicht wie solche in tropfbar flüssigem Zustande durchdringen. —

Schopenhauer hat also einmal in einer seiner Aufzeichnungen für sich selbst die Worte hingeworfen: „Man sollte rasend werden, wenn man zum Sternenhimmel hinaufschaut und nun denken muß: diese Sonnen leuchten alle so leidensvollen Welten, wie diese Erde eine ist"; ein andermal: „In der Tiefe meines besseren Bewußtseins fühle ich, daß ein ungeheures Universalunglück im Gange ist, die Bejahung des Willens". Solche Gedanken haben (wenigstens außerhalb der brahmanischen und buddhaistischen Lande) nur sehr wenige Menschen gedacht, aber ein so besonderer Geist hat sie doch gedacht und vielleicht in manchen angeregt, auch aus sich selbst mag sie dieser oder jener erzeugt haben. Damit tritt sogleich an den vorigen Grundton andächtiger Bewunderung der Größe der Schöpfung, welche der kosmische Gedanke anzustimmen die Macht hatte, die Frage heran, ob dieser Grundton mit Recht von einem erschütternden Weh durchkreuzt werde, ob er sich nur auf Größe und Macht, auf Quantität und Form beziehen, die innere Qualität aber, den Lustzustand der kosmischen Existenzen, beklagen solle. Soviel ist gewiß an dem Schopenhauerschen Gegenklange richtig und gut, daß er das reine Dur der hier und da üblichen gemeinplätzlichen, unbesehens optimistischen Anstaunung des Kosmos aus seiner Oberflächlichkeit zu tieferer, geheimnisvollerer Sinnigkeit herabstimmt. Denn kein Grund liegt vor, die Erdenwelten der Sonnen in wesentlich anderem Lichte anzusehen als unsere Erdenwelt, auf der des Leidens überall so viel ist und sein muß, weil eine ganze Welt nicht auf lauter Befriedigungen der Einzelwillen angelegt sein kann, sondern diese Einzelwillen an der Uebermacht der sonstigen naturgesetzlichen Kraftwirkungen, insbesondere auch der anderen Einzelwillen, sich brechen müssen. „Die lichten Welten da droben, auf denen wir uns Friede und Freude wohnend denken müssen“ — das ist eine ganz gedankenlose Redensart, denn wäre um einige wenige Millionen Meilen unser Standort verändert, so wäre die Erde ein kleiner lichter Stern wie die anderen auch, und wären wir auf den anderen Planeten, so wären sie dunkle Erden, wie unsere auch. Der Charakter des Seins aber kann sich durch andere Lage desselben im Raum nicht ändern, weil der Raum als solcher keine wirkenden Kräfte in sich birgt. Trotzdem wäre es ganz unsinnig, wollte man die Schopenhauersche Stimmung der Sternenwelt gegenüber nicht von sich abwehren. Erstens hieße das, sich in die nutzloseste Qual werfen, die, als ein „Rasendwerden“ ausgesprochen, noch eine viel zu gelinde Reaktion wäre, weil ein dem Leiden der ganzen Welt entsprechendes Mitleiden gar nicht in die Enge der Einzelseele hineingeht. Den von dem eigenen Joch gänzlich unabhängigen Thatbestand des Daseins muß man ganz auf das Absolute abwälzen, in bonam et malam partem. Zweitens aber sind die empfindenden Erdenbewohner, Menschen und Tiere, ihrem großen Gesamtbilde nach kraft ihrer allgemeinen instinktiven Anhänglichkeit am Leben mit der Existenz in einem gewissen sich über den Nullpunkt erhebenden Wohlbehagen ausgeglichen, so sehr auch immer zwischen ihnen und um sie herum viele Existenzen zu tiefem Weh und zu der schreckhaften Notwendigkeit, das eigene Leben aufzugeben, wogegen sich alles in ihnen sträubt, herabgedrückt werden. Und diesen auf der Erde allein kennen zu lernenden Typus des Daseins müssen wir im großen und ganzen auch auf die Geschöpfswelten der andern bewohnten Planeten übertragen, da der irdische doch nicht als zufällig gedacht werden kann, sondern mit den andern im gleichen letzten Grunde wurzelt. Das Schopenhauersche Gefühl ist gewiß zum Teil echt, weil nur zu viel Grund für es vorliegt, zum Teil aber auch gemacht, weil auch zu viel Gegengrund für es gegeben ist, und weil die Eitelkeit, es anders machen zu wollen als die andern und den Schein viel tieferer Empfindung für sich in Anspruch nehmen, gewiß mit den Schlüssel zu so eigensinniger, oppositioneller Empfindungsweise bietet.

Die am meisten spezifische Erscheinungsform der Erschütterung durch die Unendlichkeit ist nun aber das Gefühl der Herabdrückung des Irdischen, das sich bis zur Zersetzung des Interesses an ihm steigern kann. Es ist klar, daß wir damit in einen Widerspruch mit unserem Wesen, welches auf die Wertschätzung und Wichtigkeit der irdischen Dinge angelegt ist, geraten und geradezu einer geistigen, wenn auch natürlich nicht Geistes-Krankheit verfallen. Diese Erschütterung ist nun zunächst so natürlich, daß es eine schwer begreifliche Stumpfheit und Blindheit ist, ihr nicht wenigstens vorübergehend einmal zu unterliegen. Sie entspringt aus dem Zusammenstoß zweier Grundansichten. Die erstere von beiden sitzt der Menschheit aus den vorkopernikanischen Jahrtausenden noch in Fleisch und Blut und hat ihren Niederschlag überall in der heiligen und profanen Litteratur, wird aber natürlich auch durch das thätige Leben, das uns umfängt, unterhalten und wurzelt zuletzt in der Anpassung des Menschen an seine Wohnstätte: sie besteht darin, daß der, d. h. in stillschweigendem Gefühl, das uns stets begleitet, der alleinige, der singuläre Schauplatz des vernünftigen praktischen und des geistigen Lebens diese Erde, die Krone der Schöpfung die Erdenmenschheit ist. Die zweite Grundansicht ist die, welche nun aus den wissenschaftlichen Forschungen, denen der homo sapiens auch den Sternenhimmel unterworfen hat, hervorspringt, wenn diese an einem gewissen Punkte angelangt sind. Der Inhalt dieser zweiten Grundansicht ist die hohe, der Gewißheit der Ueberzeugung sich gleichsetzende Wahrscheinlichkeit der Existenz einer Vielheit planetarischer Menschheiten. Die Astronomie als solche, die ja Phänomenologie, Phoronomie und Astrophysik ist, lehrt nichts davon, aber sie giebt ihre Prämissen, aus denen ganz unwillkürlich die Wahrscheinlichkeitsfolgerungen unseres vierten Kapitels ans Licht treten. Mir wenigstens sind diese Folgerungen mit Einem Schlage aus dem Bekanntwerden mit der kopernikanischen Lehre entgegengesprungen, die ich um meinetwillen nie nötig gehabt hätte, auch explicite auseinanderzulegen, und sie sind mir von ihrer Geburt an ein ganzes Leben treu geblieben. Es scheint allerdings höchst wundersamer Weise, man sollte es kaum für möglich halten, daß eine gewisse Geistesveranlagung dazu gehört, diese Folgerungen zu erfassen. Geschichtlich ist **Giordano Bruno** nicht nur ihr klassischer Vertreter, sondern, was mehr sagen will, ihr erster Produzent, der sie mit der größten Energie zu einer Zeit — noch vor Erfindung des Fernrohrs, noch vor allgemeiner Anerkennung des kopernikanischen Systemes — gezogen hat, für welche die Erfassung solcher Ueberzeugung seinem intuitiven Blick, seiner Antizipation zukünftiger wissenschaftlicher Ergebnisse die größte Ehre macht, seinem Namen unsterblichen Ruhm verleiht. Denn was nach den späteren großen Entdeckungen der Astronomie sich von selber als Folgerung aufdrängte, das erfaßte Bruno mit ahnendem Geiste aus den ersten Anfängen der neueren Astronomie, gleichwie er auch von den rein astronomischen Entdeckungen selber manches als künftigen Besitz exakten Wissens voraussah, z. B. die Existenz vieler kleiner Planeten unseres Sonnensystems, die bei der noch in den Windeln liegenden Astrognosie als Fixsterne geringerer Größe mit durchliefen. Aus jenem Zusammenstoß jener beiden Grundansichten entsteht also die Hauptform der Apeirotaraxie. Denn keinem Eisenbahnzuge kann plötzlich ein schlagenderes Hindernis in den Weg treten, als dem Wichtigkeits- und Ausschließlichkeitsgefühl der Erdenkinder die Erkenntnis, daß es mit ihrer Einzigkeit nichts ist, daß sie die stärkste Konkurrenz im Weltall haben müssen. Gleichwie für Güter einer bestimmten Art, die bisher nur eine einzige Bezugsquelle besaßen, ein gewaltiger Preissturz eintreten muß, wenn plötzlich neue reiche Fundorte für sie entdeckt werden, so muß auch für die Menschheit die Einschätzung ihres eigenen Wertes und ihrer Wichtigkeit zunächst plötzlich furchtbar heruntersinken, sobald der kosmische Gedanke aus sich heraus ihr die Existenz von tausenden ihresgleichen entgegenfaltet. Es muß so sein, logisch, es ist auch bei manchen wirklich so; daß es bei der Mehrzahl nicht so ist, darin haben wir bisher eine seltsame Blindheit und Reaktionsunfähigkeit der Menschen gekennzeichnet. Vielleicht hat das aber eine günstigere und weniger beschämende Seite, sofern möglicherweise die Menschen in einem heilsam-gütigen Instinkt die Gedanken in unbewußter Wirksamkeit vorwegnehmen, die wir für die von der Erschütterung durch die Unendlichkeit Ergriffenen ausdrücklich auseinanderfalten müssen. Die Menschheit erscheint also nicht mehr als ein Unikum. Kann sie damit ihre Zuversicht zu sich selber, die bisher gerechte Befangenheit in ihrem Wichtigkeitsgefühl bewahren? Alle psychologischen Analoga sagen: Nein! Jeder Liebhaber fühlt sich gequält, wenn plötzlich ein anderer ebenso gut gefällt oder die Angebetete von einem Schwarm der Huldigenden umringt wird; jeder Ehrgeizige macht eine lange Miene, wenn er plötzlich den bisher allein genossenen Ruhm mit anderen teilen muß. Und nun wirkt die Depression weiter zu einer Herabspannung der Lust, sich in der so verengten Sphäre zu bethätigen, einer Lust, an der doch die ganze Tüchtigkeit und Befriedigung des Lebens hängt. Das Gefühl der Kleinheit alles Irdischen legt sich wie ein Alb auf das ganze Leben, so wie mancher, der bisher in sehr bewegten kleinstädtischen oder dörflichen Verhältnissen lebte, sich in ihnen gar nicht mehr zurecht finden kann, wenn er einmal Großstadtluft geatmet hat. Der Maßstab, den die andern anlegen, ist so ganz verschoben, die stillschweigende Voraussetzung des Verständnisses mit den Menschen ist dahingefallen. Am schlimmsten wirkt der kosmische Gedanke dann, wenn er in einer Gesinnung aufgeht, die so wie so von dem Grundtriebe geplagt wurde, über alles ins Reine kommen zu wollen. Der ungeheure Umfang des Menschlichen und die Verflechtung seiner Bestandteile in einander überlief oft schon heiß und kalt den Sinn, der das Verlangen trug, das alles zu einem klaren Ueberblick zusammenzuschauen, und strafte das zu hohe Gelüsten mit der Pein des Gefühles des Mißverhältnisses zwischen Wollen und Können, und nun kommt noch die grenzenlose Vervielfachung des Gegebenen hinzu. Es kann zu einer Zeit des Lebens kommen, in denen sich das Ich durch den Druck des Uebergroßen ganz zermalmt fühlt und die geistige Verfassung, die auf so etwas gar nicht angelegt ist, unter Qualen aus den Fugen getrieben zu werden droht.

Dieser krankhafte Zustand muß geheilt werden, ja es muß ihm vorgebeugt werden, weil die Sache selbst immer so liegt, daß die Menschen einmal in weiterem Umfange von ihm befallen werden könnten, z. B. durch die letzte Wirkung des letzten Abschnittes des Troelsschen Buches, in dem die Sache fälschlich so dargestellt wird, als ob die Menschen schon jetzt wie geblendet und betäubt in das so ganz umgewandelte Weltbild hinausstarrten. „Ein

Präservativ ist auch eine schätzbare Arznei.“ (Lessings Hamb. Dram. St. 29.) Zum Glück scheint die Heilung und die Vorbeugung möglich. „Vernunftgedanken sind der kranken Seele Arzt“ (Aeschylos, Prometheus 380).

Zunächst haben wir in dreien von unsern Klassikern das herrlichste Vorbild, wie man von dem kosmischen Gedanken ganz und gar durchdrungen sein und doch sein ganzes Leben mit aller Inbrunst den menschlichen Dingen widmen kann. Die drei sind Klopstock, Herder und Schiller, welche das eigentlich Kosmische nach ihrer Grundanlage wohl stärker empfanden, als die drei anderen; bei Goethe dürfte der kosmische Gedanke mehr im Zusammenhang mit Goethes Pantheismus als nach seinem in unserm vierten Kapitel zum Ausdruck gebrachten Inhalt gewirkt haben. Der vollgiltige Beweis dafür, daß die genannten drei den kosmischen Gedanken in tiefster Seele und nach seiner ganzen Wucht und Größe empfunden haben, liegt schon ganz allein in je einem Zeugnis, welches uns der Mühe überhebt, seinen sonstigen Spuren in ihren Werken nachzugehen: bei Klopstock in der „Frühlingsfeier“ betitelten majestätischen Ode: „Nicht in den Ozean der Welten alle“; bei Herder in dem Einleitungskapitel seiner Ideeen zur Philosophie der Geschichte der Menschheit, welches die Ueberschrift trägt: „Die Erde ein Stern unter Sternen“; bei Schiller in seinem Gedichte „Größe der Schöpfung“. Der vollgiltige Beweis für ihr großes Gesamtwirken ist in uns in Einem großen Gefühl der Bewunderung, Verehrung und Liebe lebendig; als ein Wirken in den menschlichen Dingen und für dieselben muß es hier einmal im Gegensatz eben zu dem kosmischen Gedanken charakterisiert werden. Die drei müssen sich also auch loszumachen gesucht und verstanden haben von der die Thätigkeit im Menschlichen hemmenden und erdrückenden Wucht des kosmischen Gedankens. Bei Klopstock findet sich ein Anlauf dazu in der Ode, bei Herder eine glückliche Fülle von treffendster geistiger Gegenbewegung, die auf die Erde zurückruft; bei allen dreien muß man annehmen, daß sie in einem erfolgreichen inneren Prozeß die Apeirotaraxie überwunden haben.

Man kommt mit der Bewegung, die von dem Gedanken der Größe der Welt ausgeht, nicht weiter. Die festgestellten Wahrscheinlichkeiten — das ist alles. Es ist ja ungeheuer viel, mehr als irgend welche Wissenschaft an irgend welchem Punkte bietet, aber in sich entwickungsfähig sind diese Wahrscheinlichkeiten weiter nicht; wir kommen zu einem Rahmen, aber nie zu einem Bilde, den er umschließen könnte. Unsere eigene Thätigkeit kann der kosmische Gedanke nicht weiter üben, es sei denn in Phantasieen, die aber hier nicht so unschuldig sind wie im Märchen: denn hier hätten sie den Trieb, eine fernere unbekannte und uns versagte Wirklichkeit abzubilden, und könnten sich verführen lassen, sich für Erkenntnisse zu halten, die sie doch nimmermehr sein können. Was aber für den Geist unfruchtbar bleibt, davon wendet er sich auf die Dauer ab. Sich auf das Menschliche überhaupt und auf die jedesmalige „Forderung des Tages" nicht konzentrieren können, in dem Gedanken, daß auf anderen Erdenwelten ja viel Größeres vorliegen könnte, wäre gerade so, wie wenn ein Arzt um der Fälle willen, die er im Vorzimmer auf sich warten weiß, sich nicht ganz versenken könnte in den Einen Fall, der ihm gerade entgegentritt. Diese unsachliche Zerstreuung hieße, alle Fälle nicht zu ihrem Rechte kommen lassen und alles verderben. Die Gewissenhaftigkeit im gerade Gegenwärtigen bleibt auf alle Fälle die Pointe in jedem theoretischen und praktischen Leben, mag auch noch so sehr das Größere von außen sich melden. Alles zu seiner Zeit und an seinem Orte, für uns also die Angelegenheiten unseres Planeten in unserer Lebensfrist und in ihrer vernünftigen Gliederung!

Es ist ja auch a priori anzunehmen, daß unsere Organisation in Anpassung zu unserer Erde stehen wird, unsere Aufgaben in dem liegen werden, was uns nahe und erreichbar ist, was wir umspannen und beherrschen. Wenn wir veranlagt wären, mit den Bewohnern anderer Planeten in Beziehung und Zusammenwirken zu treten, so würde eine Thätigkeit im Sinne dieser Anlage als die höchste gelten müssen, weil sie unsere vielgerühmte Ueberwindung des Raumes auf der allerhöchsten Stufe darstellen würde. So aber ruft uns unser Wesen durchaus in unsere Welt zurück, die es sich selbst schafft.

Schon Aristoteles ist hier mit den ewig treffendsten Gedanken vorangegangen: „Unsere Erdenwelt ist sozusagen ein Nichts gegen das All" (Met. IV, 5, 1010ª 28); den Fragen nach dem Wesen der Himmelskörper der „höheren Sphären" tritt er mit einer Art religiöser Scheu nahe, sie liegen ihm aber sehr ernstlich am Herzen (Zeller, Philos. der Griechen, II, 2[3] S. 463, Anm. 3); er neigt sich mit der vaterländischen Ueberlieferung (πάτριοι λόγοι) zu der Ueberzeugung, daß die Fixsterne „etwas Unsterbliches und Göttliches" sind (de coelo II, 1, vgl. Phys. II, 4, Met. XII, 8), gleichwie auch Bruno noch zuweilen, z. B. de Immenso IV, 14, sie Gottheiten nennt. Trotzdem aber sagt er (Part. an. I, 5): „Von jenen ehrwürdigen und göttlichen Wesenheiten können wir weniger Wissenschaft haben, den Erdenwesen gegenüber sind wir günstiger gestellt, weil wir mit ihnen zusammenwohnen. Beides hat seinen Reiz (χάριν), denn wenn jene Wesenheiten uns auch nur in schwacher Ahnung vorschweben, so ist doch um ihrer Ehrwürdigkeit (τιμιότης) willen uns die Vorstellung von ihnen reizvoller als alle Erkenntnis des Irdischen, gleichwie das Geringste von den Geliebten zu sehen und zu wissen viel reizvoller ist, als viele andere und große Dinge zu sehen. Das Irdische bekommt aber doch die Oberhand im wissenschaftlichen Interesse (τὴν τῆς ἐπιστήμης ὑπεροχήν), weil man es besser und in größerem Umfange erkennen kann, und weil es uns näher ist und unserer Natur verwandter, gleicht sich dadurch auch etwas aus im Verhältnis zu der auf die höchsten Gegenstände (τὰ θεῖα) bezüglichen Erkenntnis." Nun, wir, die wir den Wertunterschied der Sphären als einen Traum der Wissenschaft hinter uns haben, erheben die übrigen Gestirne nicht mehr so über jede Analogie mit der Erde: wie viel mehr müssen wir den Aristotelischen Ruf zu dem Nahen und Ergiebigeren empfinden, wenn wir allerdings dem Höchsten zunächst den ihm schuldigen Tribut gebracht haben, uns das wenige, was wir von ihm wissen können, klar zu machen

In der That steigt das Irdische für uns je mehr und mehr wieder gegen den gestirnten Himmel, nicht nur, weil es uns nahe, im Einklang mit unserer Organisation und Bestimmung, für uns interessant und wichtig, sondern auch weil es für uns wirklich in höherem Grade „unendlich", d. h. unerschöpflich ist als die weiten, fernen Welten des Alls. Die Erschütterung durch das kosmisch Unendliche ist wirklich mehr eine Krankheit des jugendlichen Geistes, der noch nicht den ganzen, immer wieder zu

Neuem führenden Tiefen der irdischen Gegenstände des Interesses, der menschlichen Dinge, nahe getreten ist, sondern sie noch mehr nach ihrem äußeren Größenverhältnis mit dem Himmel überschlägt, z. B. in der Frage, ob Medizin oder Astronomie studieren, das Argument anwenden würde: Der menschliche Körper hat wenige Fuß Kubikinhalt, die Planeten tausende von Millionen Kubikmeilen. Bald sieht er ein, daß für uns, also für die vernünftigerweise zu acceptierende Instanz, die wenigen Kubikfuße einen unerschöpflicheren Forschungsstoff bieten als jene tausende von tausenden von Millionen Kubikmeilen, und daß dazu die Durchforschung und Behandlung der Kubikfuße für unser ganzes Leben von ungleich größerer, von in eigentlichstem Sinne vitaler Wichtigkeit ist. An diesem Punkte der Betrachtung enthüllt sich doch die Wahrheit des Hegelschen Wortes von der „schlechten" äußeren Unendlichkeit. Und noch mehr den Gegenständen der menschlichen Geisteswissenschaft und den Schöpfungen des menschlichen Geistes gegenüber, welche der Wissenschaft des Geistes vorausgehen und ihr den Stoff bieten. Das Irdische steigt wieder durch seine innere „Unendlichkeit". Das Wort Jean Pauls wird zur Wahrheit: „Vor den Sternen ist nichts Großes auf Erden, und nichts Kleines in der Brust." Das äußerlich auf Erden Große, was der große Haufe anstaunt, wird depossediert; das befreiende nil admirari, in dem das nil eben bezogen wird auf alle Gegenstände gedankenloser irdischer Götzenverehrung, zieht in die Seele ein, weil alles in diesem Sinne Große übertroffen wird durch das Größere, welches von derselben Art vielfach im Weltall gegeben zu denken der Sternenhimmel nicht nur erlaubt, sondern geradezu nötigt. Das innerlich Große dagegen kann wohl nach dem Grade, aber nicht nach seiner Art in welcher Welt auch immer übertroffen werden, weil seine im Menschen gegebene Beschaffenheit die Bürgschaft in sich trägt, daß schon auf diesem unsern Planeten die höchste Gattung der Wesen im Besitz der denkbar allerhöchsten Gesichtspunkte ist. Ueber Gott, die Liebe Gottes, die Vollkommenheit, die Vervollkommung, das Streben nach Erkenntnis und das Leben im Sinne der Erkenntnis, die Glückseligkeit und das Beglücken hinaus giebt es keine höheren Ideen; die Vernunft, die sie erfaßt, ist keine zufällige Erscheinung einer bestimmten Organisationsstufe, sondern die allgemeine Vernunft über jede Zufälligkeit einseitiger, gerade so gegebener Naturbestimmtheit hinaus; und auch die höchsten Schöpfungen menschlicher Kunst gehen so sehr über ihre Ergründbarkeit durch den menschlichen Verstand hinaus, daß es nicht nötig ist, ihr plus ultra zu denken, da sie selber über der mittleren menschlichen Fähigkeit, sie in Genuß und Verständnis auszuschöpfen, hinaus liegen.

Klopstock sucht sich der Zermalmung seines kleinen Ichs durch den kosmischen Gedanken dadurch zu erwehren, daß er sich sagt, er sei „mehr wie die Erden, die quollen, mehr wie die Siebengestirne, die aus Strahlen zusammenströmten". Vollkommen richtig, wie wir denn schon sagten, daß das niedrigst organisierte Tier mehr ist als sie. Und nun aber doch wieder vollkommen falsch, weil ja mit den Sonnen und Erden die Geschöpfe immer mit gesetzt werden mußten und nur darin die wahre und gewaltige Bedeutung des kosmischen Gedankens für uns lag. Warum sich Klopstock da noch mehr fühlen sollte als Erde und Sterne, da mit diesen ja immer Millionen seinesgleichen der ganzen Ordnung nach und doch gewiß manche nicht unter ihm seiner Persönlichkeit nach gedacht werden, ist nicht abzusehen. Also mit diesem Arzneimittel gegen die Erschütterung durch das Unendliche ist es nichts mehr, wenn man sich erst den wahren Sinn dieser Erschütterung klar gemacht hat; ohne das würde es so mächtig sein, wie keines gegen irgend welche Krankheit, da wir ja bloße Weltkugeln ohne dieses zu ihrem Wesen Hinzukommende, daß sie Träger von lebenden Wesen sind, kaum noch von einem Nichtseienden unterscheiden konnten.

Eine weitgehende Einsicht in die Bedeutung des kosmischen Gedankens für den Menschen zeigt schon der alte Cicero in seinem „Traum des Scipio". Der ältere Africanus, der Retter seines Vaterlandes von dem größten aller Feinde, die es jemals gehabt hat, dem Hannibal, erscheint dort im Traum seinem großen Adoptiv-Enkel, dem jüngeren Scipio Africanus, als zum Lohn für sein großes Erdenwirken in die himmlischen Behausungen versetzt, von wo er die Sterne unseres Planetensystemes in ihrer wahren Größe vor Augen hat und auch die ganze Erdkugel in ihrer wahren Größe übersieht. Im Vergleich zu dieser kann ihm, wie er sagt, „das römische Reich leidthun". Ueberhaupt ist die Tendenz jener anziehenden kleinen, das Werk de republica beschließenden Prosadichtung die, durch Erinnerung an die Größe und Ordnung des gesamten Planetensystemes mit einer erhabenen, „auf die menschlichen Dinge herabblickenden" Gesinnung erfüllen zu wollen. Es ist ein erster Versuch, im Menschen das Gedenken an die Erde einerseits und den ganzen Weltbau andrerseits zu einer friedlichen und ersprießlichen Gesinnung zu vereinigen. Aber dieser Versuch hat Stücke, die nicht zusammenpassen, und Lücken in sich. Scipio ist „in den Himmel" versetzt, weil er in seiner irdischen Lebenszeit sich um sein irdisches Vaterland so verdient gemacht hat, und dieses Ziel sollen alle voll Selbstverleugnung und Hingebung für ihr irdisches Vaterland wirkenden Staatsmänner als ihren dermaleinstigen höchsten Lohn sich vor Augen halten, um nicht zu ermatten und zu erlahmen. Nun aber wird ja andrerseits das irdische Vaterland (die Erde überhaupt und das jeweilige im gewöhnlichen Sinne so genannte Vaterland auf ihr) durch den Vergleich mit dem ganzen Sternenhimmel gerade herabgedrückt, wie Scipio ausdrücklich äußert. Folglich fehlen zwischen beiden Gliedern solche Gedanken, wie wir sie vorhin ausgeführt haben, aus denen man erst sich klar macht, daß die innere Unerschöpflichkeit der menschlichen Aufgaben und ihre vernünftige Angepaßtheit an unser Wesen, also offenbar auch ihre Uebereinstimmung mit dem auf die Erde bezüglichen Ausschnitt des göttlichen Schöpfungsgedankens für uns und zu gunsten der Mahnung ausfällt, uns in der Hingabe an die menschlichen Dinge und in weiterer Verfolgung davon zunächst auch die vaterländischen lieber mit dem zu beschäftigen, was aus unserem Menschsein als Aufgabe an uns herantritt, als uns durch Vergleichung mit dem Sternenhimmel, durch Apeirotaraxie, um die Wertschätzung der Erde bringen zu lassen.

Die Erde geht also in dem Wettbewerb so zu sagen um unser Herz auf alle Fälle als Siegerin über den Sternenhimmel hervor, und selbst wenn jemand sein ganzes Leben der Wissenschaft der Astronomie widmet, so erfüllt er damit das Bedürfnis eines Erdenwesens, arbeitet in einer Richtung des menschlichen Wissenstriebes, und nicht im Dienste der fernen Objekte seiner

Forschung. Aber ganz falsch wäre es, zu glauben, daß es also ganz gleichgültig sei, ob man durch den kosmischen Gedanken und durch die Erkrankung an ihm hindurchgegangen ist oder nicht. Man hat vielmehr ein dauerndes Besitztum, einen dauernden großen Gewinn davon.

Zunächst: los wird man ihn, wie Troels mit Recht sagt, doch nie wieder, falls man ihn einmal mit vollem Bewußtsein und der Einsicht in seine Bedeutung gefaßt hat, sondern man hält sich seinen ungeheuren Inhalt stets gegenwärtig. Man empfindet alle Erdendinge sub specie nicht mehr der einzigen Schaubühne des Seins, sondern der Zugehörigkeit zu einem Planeten unter den Planeten, ja man hat die Erde oft vor den Augen des Geistes schweben als den kleinen Stern unter den Sternen. Der erste Vorteil davon ist, daß man ein großes, ja das allergrößte Stück der Wahrheit, des wirklich gegebenen Weltinhalts, anerkennt und nicht mehr für sich verloren sein läßt. Man lebt in einer ganz andern Welt, und zwar in einer Welt, die der Wirklichkeit entspricht, und nicht mehr in einem vermeintlichen Ganzen, das doch nur ein lächerlich kleiner Ausschnitt des wirklichen Ganzen ist. Diese Thatsache selbst ist der erste Gewinn, der zweite, daß man sie empfindet. Man weiß sich frei von einer unglaublichen Verblendung, der Blindheit derer, die auch wohl von dem wahren Weltinhalt gehört haben, aber nichts daraus machen und so weiter leben, als machte das gar keinen Unterschied. Man braucht keiner eitlen Ueberhebung über die grandiose Erweiterung seines Horizontes zu verfallen, aber man fühlt sich doch durch sie gehoben und beglückt, namentlich auch im Vergleich zu den so kleinen Welten, die so viele der andern in sich tragen.

Daran schließt sich die Gelassenheit und Erhabenheit der Gesinnung, welche vom Besitz des kosmischen Gedankens ausströmt. Sie ist niemandes Verdienst und Ruhmestitel, läuft aber wohl Gefahr, mit thörichtem Hochmut verwechselt zu werden, von dem sie aber gerade befreit: sie ist eine Gabe des kosmischen Gedankens, die dem von selbst in den Schoß fällt, der Sinn für ihn hat. Man muß wahrhaft Unendliches auf sich beruhen lassen; man hat seine Existenz erkannt und zugleich den so engen Radius der eigenen Wirkungsfähigkeit: man trägt das Größte in der Seele und muß sich bescheiden, von ihm und allem, worum es sich bei ihm handeln mag, ausgeschlossen in schmalem Kreise gebannt zu sein: man fühlt sich entlastet von dem Gramgefühl des natürlichen Menschen, ein Atom auch nur im Spiel der menschlichen Kräfte zu sein: man hat das größere Opfer gebracht. Was die ahnende Erkenntnis erfüllt, läßt in der Seele ein großes und freies Grundgefühl anschwellen und bietet ein Gegengewicht gegen die Kleinheit alles Wollens und Vollbringens. Die menschliche Veranlagung bringt es mit sich, daß man die edle Ruhe der Seele so leicht verliert an menschliche Kleinigkeiten, die das eigentlich nicht wert sind: die Kleinlichkeiten, die sich auf dem rein menschlichen Standpunkt groß machen, werden in das Licht ihrer Kleinheit zurückgeworfen, und der Kampf um die Bewahrung des inneren Gleichgewichts wird erfolgreicher. Zum Fehler wird es an diesem Punkte, in seinem Innern die kosmischen Größen gegen die tellurischen Kleinheiten auszuspielen, wenn man sich selber in der Erfüllung seiner der Natur gemäßen irdischen Aufgaben Fehler hat zu schulden kommen lassen und sich das vom Halse schaffen oder bemänteln will, oder wenn man es nicht fertig bringt, in edler Neidlosigkeit das uns überall Entgegentretende im Irdischen, was uns selbst überlegen ist, anzuerkennen. Aber abgesehen von diesem Fehler, den man erkennen und überwinden muß, tritt das Bild der vielen Erden erhebend über das, was an den Erfahrungen von der unsrigen niederdrückend ist, ins Gemüt. Nicht, als ob man ein Recht hätte, die Zustände auf diesen goldenen Sternen, deren die Erde ein gerade solcher ist, sich so viel tröstlich-vollkommener zu denken, sondern, weil die tröstlichen Genossen des Lebenskampfes um so viel zahlreicher werden, es auf das kleine Ich in gewissem Sinne so viel weniger ankommen kann, und das oft so unerträgliche und mund-vollnehmende Gethue der Menschen mit ihrem Kleinkram nun erst in seiner ganzen Kleinheit enthüllt wird. Andrerseits steigt in gewissem Sinne das Ich. Nämlich so: Die Sucht, sich einzumischen, liegt in ihm, jedes Ich ist ein geborener Propagandist für seine Ideeen und möchte möglichst nach seiner Liebe und Abneigung alles gestalten; wenn es nun aber so ganz überwältigt wird von den Unsummen dessen, das in ewigem Gestaltungsbemühen begriffen ist, wird es auf sich selbst zurückgeworfen und findet die vollkommene Hoffnungslosigkeit nach außen hin ausgeglichen durch die hoffnungsvolle Aufgabe, sein eigenes esse in Gedanken gegen eine Welt zu bewahren und hier wenigstens zu gestalten, was kein anderer einem abnehmen kann. Ich bemühe mich hier durch vermittelnde Erklärungen, die Thatsache begreiflich zu machen, daß der Sternenhimmel Gelassenheit des Gemüts und erhabene Gesinnung einflößt. Vielleicht bedarf es gar keiner vermittelnder Beweise dafür, weil die Wahrheit des Satzes jeder fühlt, der ihn versteht. Aber sollte nicht ein Widerspruch vorliegen, sofern wir uns vorhin durch die vernünftigsten Gründe auf die Erde zurückriefen und durch sie uns alle unsere Aufgabe gestellt fühlten, nun aber doch aus dem Hintergrunde des kosmischen Fühlens die Wichtigkeit des Irdischen wieder aufheben? Die Lösung ist die: Der Erde gehören wir an, wollen ihr auch angehören, und auch mit allem Ernst: aber restlos können wir es doch nicht. Die Größe der Welt bleibt doch im ruhigen Wissen von ihr immer daneben bestehen, und aus dieser Richtung der psychischen Windrose weht immer ein kühlender Wind auf alle Ereiferung und Erhitzung in den irdischen Dingen, das bloße Bewußtsein eines Allergrößten schenkt der Seele auf alle Fälle und in unveräußerlicher Weise das Gefühl ihrer Weite, in welchem Hochsinn und Gelassenheit in Eins zusammengehen, wie im Wasser Sauerstoff und Wasserstoff.

Daß sich Patriotismus und Nationalismus mit dieser Sinnesart schwerer vereinigen, als mit der gegen die Thatsache des Gesamtkosmos blinden Denkweise, ist gar nicht zu leugnen. Allein sie haben doch ihre Wurzeln in Thatsachen, die für uns vollkommen wahr und bedeutungsvoll sind und in den Grund unserer Natur hinabreichen, und sie werden auch durch die Vernunft aus ihrer Erschütterung durch den kosmischen Gedanken wieder hergestellt und in die Gesamtheit unseres Denkes und Fühlens wohlgeordnet eingefügt. Blindlings können sie allerdings nicht mehr wirken. Dafür taucht aber, ergänzend und erweiternd, ein neuer Patriotismus auf, der sich auf die ganze Erde bezieht. Nicht das Weltbürgertum ins blaue hinein, sondern die Begeisterung dafür, daß wir nach unseren Kräften wenigstens unsere Erde zu einem Musterplaneten machen möchten, wenn wir so viele andere, wir mögen wollen oder nicht, auf sich beruhen lassen müssen. Der Fall ist freilich ein leeres Phantasiespiel, daß die Bewohnerschaften der Planeten einmal in die Lage kommen könnten, neben einander und im Vergleich miteinander Rechenschaft abzulegen, wie jede mit ihrem Pfunde gewuchert hat. Aber die Antriebe, die darin liegen würden, können wir auch durch die bloße Idealität dieses Gedankens ins Spiel setzen, ja sie setzen sich von selbst ins Spiel, — wenn sie es nur erst in einer größeren Zahl von Menschen, oder am liebsten in ihrer allgemeinen Gesinnung thäten! Doch nur ein paar Noten aus dieser Zukunftsmusik des Idealismus eines interplanetaren Wettbewerbes, dem musternden Auge des Weltgeistes die beste Erde vorführen zu können. Dieser Wettbewerb würde den Gegner außerhalb des Bereiches der Schädigung durch seine Nebenbuhler, insbesondere auch außerhalb des Bereiches der Schußweite stellen, nicht innerhalb der Menschheit die Feinde sich gegenüberführen, also endlich einmal die Menschheit mit dem Bande der Zusammengehörigkeit umschließen. „Zwischen Bär und Südens Kreuz Schweben Planeten viele, Und das Wohl je einer Welt Ist's, worauf ich ziele.“ Die Menschheit würde, wenn sie sich mit dem Ideale des besten Planeten erfüllte, aus je 10 Millionen der großen Nationen der Erde über die sonstigen Staatsverbände hinweg je einen Menschheits- und Humanitätsrat wählen, und diese aus ihrem Schoß einen Menschheits-Patriarchen erküren. Die höchste Weisheit und sittliche Reinheit und Erhabenheit würde die Auswahl dieses erlauchten Kollegiums leiten, und dieses würde, von der Strahlenkrone einer rein geistigen Autorität geschmückt, in allen großen Erdensachen der Menschheit das höchste Ideal vor Augen halten, die Nationen aber voll Ehrfurcht sich scheuen, diese oberste Instanz zu verletzen. Das Fortschreiten ist in dem Einen letzten Jahrhundert zu einem so erstaunlichen Tempo gelangt, daß wirklich nicht abzusehen ist, wie auch nur noch einige Jahrtausende der bisherige Wettstreit der Menschheitsglieder gegen einander fortdauern sollte: das gemeinsame Manöver gegen den markierten Gegner auf den anderen Planeten kommt in ferne Sicht, und Manöver nicht für besser als Schlachten zu halten, das ist ein Vorurteil, das man im tiefsten Ernst nicht aufrecht erhalten kann, so vieles auch in dem gegenwärtigen Gesinnungsstande der Menschen zu seinen Gunsten bestechend wirkt.

Es ist kein Zufall, daß der Verfasser der schönsten aller populären Darstellungen der Astronomie, Karl v. Littrow, als edelster Freund und Apostel des Völkerfriedens sich darstellt. Wo das Interesse so ganz auf den Fortschritt der menschlichen Erkenntnis gerichtet ist, wird eben die Kulturgeschichte zum wahren Inhalt der Geschichte, und es kann nicht fehlen, daß sich die Verwunderung darüber, wie die Geschichte der Kriege sich an diese Stelle hat drängen können, in gelegentlichen Klagen Luft macht. Aber auch das fortwährende Schweifen des Geistes in den endlosen Räumen stumpft nun einmal ab gegen die Empfindung der Größe der irdischen Verhältnisse, die eigentlich ungebrochen sein muß, wenn mit voller Ueberzeugung, damit das Rechte zu thun, ein so entsetzliches Mittel zu ihrer Gestaltung, wie der Krieg ist, soll eingesetzt werden können. Wenn der kosmische Gedanke mehr Fortschritte unter den Menschen machen wird, so ist es nicht anders möglich, als daß die Geneigtheit der Völker, um Ländererwerbes willen Krieg zu führen, abnehmen muß, wie sie es ja auch aus anderen bekannten Gründen thut: die so große Begeisterung dafür kann wenigstens nicht aufkommen, wenn auch die etwaige Not, die dazu führt, durch den kosmischen Gedanken nicht beschwichtigt werden kann. So kommt auch von dieser Seite her der Friedensliebe ein Bundesgenosse. Und das schadet nichts, mit so gerechtem Lobe auch seit Homer und Heraklit bis zu Clausewitz und Moltke der Krieg verherrlicht ist. Ja, er weckt etwas einzig Großes in der Menschenbrust: das Gefühl aller Kämpfer, gegenseitig unter ihren Augen, das Höchste, das Leben, einzusetzen, das unberechenbar Schrecklichste vielleicht im nächsten Augenblick zu erdulden um einer Sache willen, die für alle gemeinsam groß und heilig ist. Der Gehobenheit des Gefühles in der männerehrenden Feldschlacht, in welcher der Natur, die in jedem Wesen Trägerin der Todesfurcht sein muß, der Geist den Fuß auf den Nacken setzt und die höchste Ehre auch einmal von dem einfachsten Manne genossen wird, soll kein Gefühl in der Welt gleichkommen. Aber das wird doch zu über die Maaßen teuer erkauft, auch läßt sich bei bestem Willen jene Gehobenheit des Gefühles nicht ganz aus dem Boden der Eitelkeit, der Freude an der fremden Meinung, lostrennen, wenn auch die kriegerischen Tugenden, die länger geleistet werden müssen, als die Gehobenheit des Gefühls andauern kann, von ganz edlen Naturen in stolzem Genügen an der richtenden Stimme in der eigenen Brust bewährt werden. Die Hauptsache jedoch ist, daß der Krieg unabwendbar mit einer centralen Unlogik behaftet ist, um derenwillen er sozusagen logisch tot ist. Sie besteht darin, daß der Kriegszweck nichts mehr als die zeitweilige Außerkampfsetzung der einzelnen Feinde verlangt, bis der feindliche Gegenwille gezwungen ist, im Friedensschluß das Diktat des überlegenen Willens anzunehmen, daß die wirkliche Kriegsführung aber nicht ermöglicht, ohne Tötung vieler diesen Endzweck zu erreichen. Diese Endgiltigkeit des über viele einzelne verhängten Todes ist unlogisch, sie ist aber zugleich die Vernichtung solcher Werte, die mit dem Kriegsresultate in Wahrheit, so sehr man auch dieses als eben ein Aequivalent der Opfer namentlich an Menschenleben ansieht, inkommensurabel sind, wie das ja auch im Friedenszustand immer anerkannt wird, wo der Verlust eines Menschenlebens immer schwerer als jeder materielle Verlust geschätzt wird. Bei dieser Sachlage muß auch die Bundesgenossenschaft des kosmischen Gedankens, der nun einmal, man mag wollen oder nicht, das Gewicht der Erdenstreitigkeiten leichter erscheinen läßt, von dem Streben nach Verwirklichung des Friedens auf Erden gern angenommen werden.

Ueberhaupt hat das große Weltbild, welches aus dem Blicke auf das Ganze der Schöpfung sich erhebt, die treibende Kraft in sich, daß der Mensch sucht — nicht durch die vom Mikroskop erschlossene Welt des Kleinsten, sondern durch das Innere einer hohen und edlen Gesinnung das sonst unerträgliche Uebergewicht der äußerlichen kosmischen Größe von sich abzuwälzen. Der Kern dieser hohen Gesinnung ist aber das Gefühl der Gerechtigkeit und des Wohlwollens, und ihr Gegensatz aller Egoismus, der der einzelnen, wie der nationale. Die Kehrseite jener hohen Gesinnung, vernünftige und stolze Selbstachtung, und das Verlangen, Gerechtigkeit auch gegen sich selbst gewährt zu sehen, ist zwar von Natur nicht leicht mit ihrer anderen Seite zu vereinigen, aber sie ist es doch durch Vernunft, weil diese ganz unparteiisch gegen den zufälligen Standpunkt das Ich mit dem Du und das Du mit dem Ich für gleichwertig erklärt; und diese Gerechtigkeitsgesinnung in ihrer Doppelseite möglichst stark dem Volk einzuprägen, scheint mir die allerwichtigste Aufgabe der Staatskunst, und zwar in gleicher Weise in allen Kulturstaaten, weil sonst allerdings der böse Nachbar nicht in Frieden leben läßt. Diese Aufgabe läßt sich, im Dienste der Staatskunst, nur von der Erziehung lösen, und an der Erziehung hängt die Zukunft der Menschheit. Nicht, als ob was in sich nicht haltbar ist, nicht von den Leidenschaften der Natur hinweggeschwemmt werden müßte, womöglich noch bevor sie den Erziehungsjahren entwachsen ist. Wir sehen ja jetzt Gesinnungen des Egoismus und der Eitelkeit allgemein verbreitet, denen also die Erziehung Einhalt zu thun nicht im stande gewesen sein muß; und der nationale Egoismus wird, wie ich fürchte, anstatt der Gerechtigkeitsgesinnung, die ja natürlich das Recht der eigenen Nation auch wahrt, gegenwärtig durch die Erziehung vielleicht sogar gezüchtet. Aber wovon die Erziehung wirkliche Ueberzeugung hat erwecken können, das kann sich auch im Leben halten. Von dem aber, was sich in die dauernd sich selbst gleiche und unparteiische Vernunft zurückführen läßt, ist auch Ueberzeugung zu erwecken.

Es ist nicht an den Haaren herbeigezogen noch auch eine Licenz, über alles zu sprechen, die sich namentlich seit Zöllner's Kometenbuch öfters ans Licht gewagt hat, wenn die Betrachtungen dieses unseres fünften Kapitels in die Frage münden, die jetzt das deutsche Volk vor allen anderen bewegt, die Frage, ob die beschleunigte und verstärkte Erhöhung unserer Flottenmacht richtige Politik ist oder nicht. Ich bin durch E. v. Hartmann längst überzeugt, daß die Herrschaft der durch Anlage, Intelligenz und Charakter bevorzugten Rassen auf der Erde ein höchst wünschenswertes, mit allen Kräften anzustrebendes Ziel ist. Nicht, damit sie die niedriger stehenden Völker ausbeuten, sondern zu ihrem und der Beherrschten Nutzen zugleich, der sich sehr wohl unter der Voraussetzung der Gerechtigkeitsgesinnung vereinigen läßt, und zur allgemeinen Förderung der Kultur. Ich bin ferner durch die vorankündigenden Symptome und durch die Belehrung, die weiter Hinausschauenden zu verdanken ist, überzeugt, daß in dem nächsten halben Jahrhundert die Erde unter die vorgeschrittensten und thatkräftigsten Rassen „aufgeteilt“ werden wird. Aller Bekümmernis zum Trotz, daß nun also wieder ein Wettlauf der Rüstungen zur See beginnen wird, wie er ein Menschenalter hindurch in den Rüstungen zu Lande gedauert hat, bin ich dennoch durch Prof. Delbrück's bekannten Aufsatz in den Preuß. Jahrbüchern überzeugt worden, daß der Anteil der großen Völker an der Aufteilung der Erde ungefähr der Zahl ihrer „Schlacht"schiffe proportioniert sein wird, und somit als Wähler zum Reichstag für die neue große Flottenvermehrung gewonnen. Aber hart und schwer eingehend bleibt doch wahrlich der Gedanke, daß das große deutsche Volk trotz aller seiner Sieges- und Geisteseehren von den thörichten Menschen in seiner Würdigkeit, in der „Aufteilung" der Erde seinen gebührenden Anteil zu bekommen, nach seinen „Schlacht"schiffen abgeschätzt werden soll; und drückend genug bleibt auch der Gedanke an die bevorstehende zweite Auflage des Rüstungswettlaufes, dessen erste schon höheren Kulturzwecken so unsäglich viele Mittel entzogen und den Nationalgeist in gar so eintönige Pendelschwingungen versetzt hat. Und dennoch müssen wir, die wir es an Geld ungefähr eben so lange aushalten können, wie die es am längsten können, an Menschen aber es am längsten aushalten können, den Wettlauf mitzumachen, dessen Uebergang in die Phase großen Stils jetzt vermutlich inauguriert werden wird. So ist es jetzt. Aber hätten die Nationen von der Größe des Kosmos Hochsinn gelernt und hätten sie den Entschluß gefaßt, ihre Unbedeutendheit in dem Ganzen durch innere Würde und Gerechtigkeit wettzumachen und mit allem Nachdruck ihre Kinder in diesem Geiste zu erziehen, so würde der Egoismus und Gewaltthätigkeitssinn der Nationen schon weit herabgedämmt und zur Humanität veredelt sein, und eine Verständigung durch Vernunft würde die Stelle einnehmen, welche jetzt das Imponieren mit „Schlacht"schiffen ausfüllen muß. Die Idee des Musterplaneten wird vielleicht im Laufe der Jahrtausende durch eine gehobene Menschheit das Antlitz der Erde umwandeln zu einem Königreich Gottes, in welchem Gerechtigkeit wohnt und in welchem es nicht mehr der Gewalt bedarf, um das Böse zurückzuschrecken. Hierfür dürften allerdings Jahrhunderte und Jahrtausende — in denen ja voraussichtlich unser Planet noch bewohnbar bleibt und keiner kosmischen Katastrophe verfallen wird — in Aussicht zu nehmen sein, wenn auch nicht, nach Troels'

Meinung, für eine erste Anpassung an den kosmischen Gedanken, die doch wahrhaftig leichter und eher sich vollziehen kann.

Die Menschen werden der kosmischen Thatsache selbstverständlich viel mehr Gedanken abgewinnen, sie hin und wieder kommen lassen, annehmen, modeln oder verwerfen, wenn sie sich nur erst daran gewöhnt haben, diesem unvergleichlich größten Stück unter allem Gegebenen einen Einfluß zu gewähren auf die Meinung, die sie sich von der Welt zurechtlegen. Jeder wird es nach seiner Art thun, und so mag es mir vergönnt gewesen sein, nach der meinigen erst einmal die obigen vorgelegt zu haben. Ebenso nach meiner Art fügt sich noch der letzte Schlußgedanke hinzu. Uns hat nicht ein Flug in die Unendlichkeit beschäftigt, sondern die Rückwirkung des Gedankens U auf unsere menschliche Gesinnung. Diese ist für uns die wichtigste aller Fragen, und man empfindet das umsomehr, wenn in Einem Menschenalter aus dem Volke, das zu Anfang desselben noch mit einigem Recht als ein „Volk der Denker und Dichter" gekennzeichnet wurde, eine Nation von politischem Machtbewußtein und dem Lebensinteresse für eine herrschende Stellung unter den Völkern der Erde geworden ist, in deren neuer Gesinnung aber der Amerikanismus und die Denkungsart des Corpsburschen und des Reserveleutnants ganz auffallend stark die Farben reiben zur Modifizierung jener nationalistischen Grundfarbe, deren Entstehung vollkommen begreiflich ist und auch nicht im mindesten tadelnswert ist, wenn sie nur aus der früheren Zeit des Denkertums das Moment der Vernunft und Gerechtigkeit bewahrt und mit sich zu einer höheren Einheit verbindet. Nun aber wird bekanntlich besonders von der Seite des amerikanischen Utilitarismus her auch eine frühere Grundlage der großen deutschen Art auf das ärgste gefährdet, ja ihr schon mit Frohlocken die Zeit ihres Untergangs als gekommen auf den Kopf zugesagt: derjenigen Grundlage des früheren deutschen Wesens, die in der altklassischen Bildung des führenden Teils der Nation bestand. Hier soll dem ruhmvollen Ehrenkampf, welchen um deren Erhaltung so viele treffliche Vorkämpfer, an deren Namen — wer nennt sie alle? — ich mit innigster Genugthuung denke, unentwegt bestehen, nur von der Seite des kosmischen Gedankens her eine Bundesgenossenschaft zugeführt werden. Wenn Troels mit Recht beklagte, daß noch keiner Generation so sehr wie der heutigen der Sternenhimmel aus Augen, Sinn und Interesse geschwunden gewesen sei, so leben die Griechen, ja auch die Römer alle in einer Geisteswelt, die die größte Seite der natürlichen Welt immer in sich hereinzieht; sie sind am Himmel zu Hause, wie man überall in ihren Werken merkt, die doch natürlich um Menschenanliegenheiten sich drehen; insbesondere unser Planetensystem, das die heutigen Menschen so kalt läßt, der Lauf der Sonne und des Mondes, der jährliche Aufgang und Untergang der Sterne ist überall der Gegenstand ihrer größten Bewunderung, den Erscheinungen nach der Gegenstand allgemeinster Kenntnis, der Erklärung nach das erhabenste Objekt ihrer theoretischen Bemühung. Im Verhältnis zu dem Lieblingszweige der neuesten Astronomie, der auf Spektralanalyse sich stützenden Astrophysik, kann diese Seite des Bildes des Universums, die Bewegungserscheinungen, die auf die reine Vernunftwissenschaft der Mathematik zurückgehen, als die geistigste Seite, die chemische Beschaffenheit der Oberfläche der Fixsterne dagegen, als materieller Körper, ein wenig angehaucht von einem Lieblingsstudium des Utilitarismus erscheinen. Jedenfalls haben die Griechen auch hier einmal wieder durch die elementarsten, also die allerwichtigsten Beobachtungen und durch die Richtung ihres Forschungsinteresses die Grundlage der menschlichen Erkenntnis gelegt. Um deswillen ja aber sollen ihre Werke für immer die Nahrung des Lebensalters bleiben, das für sich die Grundlage einer neuen und höheren Bildung zu legen hat. Und wenn wir oben gesagt haben, daß eine hohe Gesinnung aus dem kosmischen Gedanken fließt und daß uns nichts in höherem Grade notthut, als solche hohe Gesinnung zu bewahren, leider auch schon sie zurückzugewinnen, so sind die Werke der Griechen und der Römer in ihrem „goldenen“ Zeitalter überall durchdrungen von dieser erhabenen Einfalt, natürlichen und vernünftigen Gesundheit und „fürstlichen Gelassenheit“ (Kuhlenbeck) der Sinnesart. Ein Mann wie Giordano Bruno, der Vater des kosmischen Gedankens in der menschlichen Kultur, Männer wie Kopernikus, Kepler, Newton, Gauß, wie fast alle großen Erforscher der Wunder des Himmels, sind gar nicht zu denken ohne die Wurzeln ihres hohen Geisteslebens, die sich in den Geist der alten Klassiker versenken. Dagegen die „Moderne“ am Ende dieses Jahrhunderts ist bei allem Geiste, über den sie immerhin verfügt, in ihrem innersten Mark erkrankt an der Hypertrophie des der klassischen Einfachheit und Gesundheit entgegengesetzten Bestandteiles in der Haushaltung der menschlichen Natur, der Eitelkeit, an dem Scheinenwollen, an dem krankhaften Gethue mit dem einzelnen Ich. Deshalb soll die Erziehung, die für ein kraftvoll humanes, für ein edel verständiges, für ein löblich begeistertes Geschlecht aufzukommen hat, nur um alles festhalten an der Ernährung der Jugend auch aus dem Gesundbrunnen des klassischen Altertums und ihr nicht zu früh zu trinken geben aus dem raffinierten Gebräu, welches die „Moderne“ aus ihrem überreizten Wesen zusammenkocht. Die großen nationalen Zugaben zu der Zusammensetzung der Milch der Jugend sollen schon nicht fehlen, das will ja niemand mehr, aber sie stehen auch nicht im Widerspruch mit der Beschaffenheit jenes anderen Nahrungssaftes, sondern kräftigen und vervollkommnen ihn nur durch verfeinerte Mischung. —

Zum Schluß des fünften Kapitels ist noch zu bemerken, daß die Auffassung von Troels, an die anzuknüpfen war, es mit sich gebracht hat, daß die Frage, wie sich der Mensch zu dem Gedanken der Unendlichkeit der Welt zu verhalten habe, in ihrer Beantwortung die Wendung annahm, daß namentlich die Verwirrung und Betäubung durch diesen Gedanken (die Apeirotaraxie) sozusagen therapeutisch zu behandeln war. An sich wird freilich das richtige Verhalten zum kosmischen Gedanken, sagen wir die Apeirophrosyne, in der That am besten ins Licht zu stellen sein durch das Aufmerksammachen auf die in dieser Beziehung zu vermeidenden Fehler. Aber als solche können ebenso gut wie die Apeirotaraxie die Unterschlagung des kosmischen Gedankens (Apeiroklepsie) und das Schwelgen in ihm, das schon in dem Schillerschen Epigramm so treffend getadelte Schwatzen von Nebelflecken und Sonnen (die Apeiromanie), aufgewiesen und ihre Vermeidung zum Gegenstand warnender Belehrung gemacht werden. Ohne Troels' Vorangang in dieser Beziehung würde vielleicht die Krankheitsform der Apeirotaraxie nicht so sehr ins Uebergewicht gekommen, und die anderen Abirrungen von der vernünftigen Norm gesondert für sich behandelt sein. So aber wird sie der Leser nicht sowohl vergessen finden, wie gelegentlich bei der Besprechung der Troels=schen Hauptform des Fehlerhaften mit berücksichtigt finden.

Sechstes Kapitel.

Es ist höchst auffallend und fast unbegreiflich, daß man so selten einsieht, daß zwischen dem Christentum und dem kosmischen Gedanken in Wahrheit ein Streitfall ernstester Art vorliegt, den wir nun noch ins Auge fassen müssen und mit schiedsrichterlicher Gesinnung in allen seinen Momenten verfolgen wollen.

Kleinigkeiten und Nichtigkeiten sind es ja nicht, die zwischen beiden die Kontroverse bildeten: die könnten ja sehr leicht gehoben werden. Wir wollen zunächst einmal solche Nichtigkeiten vorführen, und wenn wir uns dabei auf ganz bestimmte Gewährsmänner berufen, so ist dabei nicht zu vergessen, daß diese zugleich immer für weite Gruppen von Christen stehen, die in demselben Gedanken befangen sind.

Häckel („Die Welträtsel", Bonn, Emil Strauß, 1899, S. 369) sagt, Luther verwarf den Kopernikus, weil in der Bibel Josua die Sonne stillstehen hieß. Wir haben aber doch noch heute*) die aller menschlichen Sprache für immer allein natürliche Ausdrucksweise, daß die Sonne aufgeht und untergeht.

Die Bibel läßt natürlich den Josua auch so sprechen. Kannte sie den wahren Sachverhalt nicht, wie sie ihn ganz gewiß nicht kannte, so würde das an sich, rein als ein Irrtum der naturwissenschaftlichen Erkenntnis genommen, der Bedeutung ihres In=

*) Völlig vereinzelt steht da die Schilderung in Adalbert Stifter's „Hochwald" (S. 54): „. . indessen ging die Wucht und Wölbung der Erde, unempfunden und ungehört von ihren Bewohnern, stürmend dem Osten zu, der Mond wurde gegen Westen geschleudert, die alten Sterne mit, neue zogen im Osten auf — — und so immerfort, bis endlich . . ein neuer milchiger Lichtstreifen aufblühte . ." Mit den im Osten aufziehenden Sternen fällt aber der Dichter aus der kopernikanischen in die natürliche Ausdrucksweise zurück.

halts für die Menschen nicht den mindesten Eintrag thun, wofür man die ganz richtige Phrase von Munde zu Munde gehen läßt, die Bibel sei ein Buch zur Seligkeit, und kein Lehrbuch über die Natur. Es würde nichts schaden, wenn nichts weiter daran hinge! Hätte „die Bibel“ aber auch den richtigen Sachverhalt gekannt, so würde sie ihn in einer ganz beiläufigen Wendung doch nicht zum Ausdruck gebracht haben. An dieser Josua-Stelle liegt nichts von der geringsten religiösen Bedeutung, es sei denn, daß wir erst noch die Meinung zurückweisen müßten, daß nicht selbstverständlich eine solche Unmöglichkeit wie das vorübergehende Stillstehen der Erde in ihrer Achsenbewegung eine Legende und keine Thatsache ist. Aber wenn sich die religiöse Gläubigkeit noch mit dem Eintreten für solche Unmöglichkeiten beschweren, ihren Inhalt mit der Anerkennung solcher Unglaublichkeiten für solidarisch erklären wollte, gäbe sie sich ja von vorn herein ganz verloren. Der christliche Glaube kann das unbewußte Erdichtetsein zahlreicher biblischer Wunder sehr gut vertragen, ob er aber auch den Gedanken U vertragen kann, das haben wir zu untersuchen. Wenn der christliche Liberalismus 1868 bei Gelegenheit des Knak-Liskowschen Streites triumphierend auftrat in der Voraussetzung, daß die Josua-Stelle für sich allein das christliche Dogma stürze, so war das eine grenzenlose Oberflächlichkeit und Kurzsichtigkeit. Auch Luther wird wohl etwas ganz anderes hinter dem Kopernikanismus gemerkt haben, als diesen Widerspruch mit der Stelle des Buches Josua, oder er hätte hierin die Befangenheit des Glaubens an jedwedes vereinzelte Bibelwort als solches bekundet, die wir nur seiner Zeit zu gute halten müssen und die heute die besten und achtungswertesten Christen ohne jeden Schaden ihres Glaubens nicht mehr in den Kauf nehmen.

Erdmann sagt in dem Aufsatz „Zwei Märtyrer der Wissenschaft“ in „Ernste Spiele“, 4. Aufl., S. 249, die Kirche habe durch das System des Kopernikus gefürchtet, „den Ort zu verlieren, wo Gottes Thron stehen kann“, und ebenso spricht Häckel a. a. O. S. 397, mit Berufung auf David Strauß, von der durch den Kopernikanismus entstandenen „Wohnungsnot“ für den Himmel des religiösen Glaubens. Gleichfalls sagt Brunnhofer in „G. Brunos Weltanschauung und Verhängnis“, Leipzig, Fues,

1882, S. 129: „Von dem Gesichtspunkte der kosmischen Unendlichkeit zerfließen die einträglichen Vorstellungsgebilde vom räumlich fixierten Himmel, Hölle und Fegefeuer zu wesenlosen Schemen und ziehen den Stuhl Petri mit sich in den Abgrund zukunftloser Vergangenheit.“ Wenn es wirklich das wäre, so hat die christliche Kirche von dem kosmischen Gedanken nichts zu fürchten. Denn in das physische Weltall hat ja der Glaube den Thron Gottes, den Himmel und die Hölle nie verlegt. Er hat sich freilich keine deutliche Vorstellung davon gemacht, ob Himmel und Hölle räumliche Wesenheiten sein sollten oder nicht: in der vorstellungsmäßigen, volkstümlichen Ausmalung sieht es so aus, im Ernst des dogmatischen Gedankens wieder nicht, dann aber wieder doch, sofern das Dogma die Wendung nimmt, den neuen Himmel und die neue Erde zu verheißen. Aber wenn man dem Metaphysiker gestattet, von einem „intelligibelen Raum“ zu reden, der mit dem sinnlichen Raum keineswegs dasselbe sein soll, warum soll man die Kirche darauf festnageln, daß ihre Vorstellungsbilder von Himmel und Hölle in den realen Weltraum fallen müßten, in dem sie doch seit Kopernikus keinen Platz haben? Das sind wirklich ganz oberflächliche Redereien, auch hat ja der Stuhl Petri jener Weissagung, die seit dreihundert Jahren hätte eintreffen müssen, nicht den Gefallen gethan, auf diesen sehr nichtigen Grund hin in den Abgrund zu versinken, im letzten Jahrhundert hat er sich im Gegenteil sehr befestigt.

Pohle („Die Sternenwelten“ u. s. w.) nennt die Frage nach der Mehrheit bewohnter Welten gelegentlich eine harmlose oder unschuldige und behauptet, in dem Vorwort zur ersten Auflage, daß man sich kaum eine zur religiösen Polemik ungeeignetere Frage denken könne; S. 27 der zweiten Auflage sagt er, daß sich aus Anlaß dieser Frage „weder in der Gegenwart noch jemals in der Zukunft jenes Schauspiel in der Kirche erneuern werde, welches wir im Zeitalter Galiläis zwar aufrichtig beklagen, aber aus triftigen Gründen entschuldigen müssen.“ Die katholische Kirche wird zwar das Werk des Kopernikus und alle auf ihm fußenden Werke nicht wieder auf den Index setzen können, auf dem sie es ungefähr 270 Jahre lang gehalten hat, aber die Harmlosigkeit jener Frage müssen wir jetzt näher untersuchen. Behauptet wird sie oft und gern, — mit welchem Rechte, das werden wir sehen.

Im Christentum hält sich die Menschheit*) für den Gegenstand des allerwesentlichsten, ja des einzigen Interesses Gottes, denn die Engelscharen treten wenig aus allgemeiner, blasser Phantasievorstellung hervor, werden ja außerdem als so geeint in ihrem Willen mit dem Willen Gottes gedacht, daß sie der ausdrücklichen Fürsorge Gottes kaum bedürfen. Die Menschheit muß sich jetzt in dieses Interesse Gottes mit den anderen vernünftigen Planetenbewohnern teilen. Das erscheint zunächst als ein niederschmetterndes Resultat. Wo man allein zu besitzen glaubt, plötzlich mit unabsehbarer Nebenbuhlerschaft belastet zu werden, das ist so recht ein Gipfel menschlicher Unlust der eigensten Art, die durch das Gefühl gekennzeichnet wird, mit dem das Aristophanische „von mir aber ist nicht die Rede" ausgesprochen wird; und die mehr volkstümlichen als christlichen Vorstellungen von Himmel und Wiedersehen müssen sehen, wie sie es fertig bringen, diese so vielfache Erhöhung des jenseitlichen Gewimmels sich als erträglich auszumalen. In Wahrheit aber liegt hier noch gar keine Bedrängnis des christlichen Glaubens durch die kosmische Erkenntnis vor; denn wird Gott so gedacht, daß er alle Haare auf jedes einzelnen Haupte gezählt hat und für jeden einzelnen unter tausend Millionen Erdenbewohnern so ganz zugänglich ist, als ob er allein dawäre, so kann er auch ganz ruhig weiter so gedacht werden, daß er tausendfache Menschheiten mit gleicher Fürsorge umspannt. Die Vorstellung Gottes gewinnt dadurch nur unsäglich an Erhabenheit

*) In nationalistischer Erhitzung sagt die Jungfrau von Orleans in dem Vorspiel des Schillerschen Dramas von ihrem besonderen Vaterlande, daß es Gott liebe, „wie den Apfel seines Auges". Schiller hat sie natürlich in der Objektivität des dramatischen Dichters so sprechen lassen, wie es ihrer Person gemäß war. Aber es ist eine halb erheiternde, halb schmerzliche Beobachtung, wie selbst noch heute in Wirklichkeit die Völker so gern jedes für sich diese höchste Sonderstellung bei Gott in Anspruch nehmen, was besonders tragikomisch in so manchen Kriegsmanifesten zur Erscheinung kommt. Für alles dergleichen wird nun wahrhaftig das 20. Jahrhundert zu reif. Reine und entschiedene einseitige Güte und Gerechtigkeit der Sache rückt diese Vorstellungsweise allerdings in ein milderes Licht; aber wann wird die feindliche Seite der anderen diese Beschaffenheit ihrer Sache einräumen!

und Größe. Die wahre Schwierigkeit dieses Gottesbegriffes fängt schon viel früher an und läßt ihre bloß quantitative Vermehrung als gleichgültig erscheinen. Sie besteht darin, daß sich von vorn herein die Frage erheben muß, mit welchem Rechte denn überhaupt die göttliche Allgegenwart und Allwissenschaft in Analogie des menschlichen persönlichen Bewußtseins gedacht werden darf, da individuelles Bewußtsein uns nur als eine Erscheinung bekannt ist, die sich stets an eine animalische Organisation knüpft. Jene göttlichen Eigenschaften werden wohl viel tiefer und geheimnisvoller aufgefaßt werden müssen. Von hier aus jedoch wird, wie gesagt, ihre volkstümliche Auffassung nicht bedroht, wenn man nicht schon früher an ihr irre geworden ist, und wenn man sonst so wohlgemut darauf los schließen mag, daß, was der Mensch in seinen Wünschen und nach Maßgabe seines Auffassungsvermögens postuliert, nun auch *sein* müsse. Für die Menschheit aber wird auf diese Weise die hohe sittliche Zumutung des Evangeliums, nicht das Ihrige zu suchen, und die strenge Wahrheit, daß, wer sich selbst suche, sich verlieren werde, wunderbar verschärft. Den etwas rohen volkstümlichen Vorstellungen aber von dem großen Himmelssaal, der alle abgeschiedenen Erdbewohner umfaßt, wird von der christlichen Kirche in Wahrheit die verfeinerte Vorstellung von dem neuen Himmel und der neuen Erde oder zukünftigem Reiche Gottes entgegensetzt, das doch organisiert, gegliedert und für jeden den ihm angemessenen Platz enthaltend gedacht wird.

Ganz anders aber wird nun der innerste Kern der christlichen Religion, die Erlösungslehre, oder — wenn man diesen Ausdruck zu theoretisch kühl findet — der Glaube an die Erlösung durch Christum und alles, was mit diesem Glauben zusammenhängt, von dem Konflikt mit dem kosmischen Gedanken betroffen.

Nach diesem Glauben ist der allergrößte und heiligste Gottesgedanke der von Ewigkeit her gefaßte göttliche Ratschluß, die durch die Sünde gefallene und der ewigen Verdammnis würdige Menschheit dadurch zu erlösen, daß Gott selbst in der zweiten Person des dreieinigen Wesens nach Erfüllung der Zeiten Fleisch annimmt und Mensch wird, und durch das unschuldige Leiden und Sterben des sündlosen Gottessohnes die Strafe der Menschheit auf sich nimmt, dem heiligen und gerechten Vater und Weltrichter gegenüber stellvertretende Genugthuung für die Sünden aller Menschen leistet. Dem Menschen wird dann durch die Annahme dieser von Gottes Seite geschehenen großen Erlösung die Rechtfertigung vor Gott zu teil; er wird dadurch eine wiedergeborene, neue Kreatur und vollendet seinerseits das Erlösungswerk unter der Hilfe und den Heilsmitteln der heiligmachenden Gnade durch ein neues Leben, das aus Gott, und nicht mehr aus seiner Natur ist.

Diese Lehre oder dieser Glaube erhebt sich auf der Voraussetzung, daß die irdische Menschheit in der geschaffenen Welt das einzige Wesenreich ist, das mit Vernunft und der Fähigkeit zur Entscheidung zwischen Gut und Böse, Hingebung an den Gotteswillen oder den eigenen Willen begabt ist. Diese Voraussetzung stimmt ja auch zu dem physischen Weltbilde, welches man zur Zeit der Entstehung und Ausbreitung dieser Lehre allgemein hatte und zu bezweifeln gar nicht auf den Gedanken fiel. Diese Voraussetzung wird durch unsere Erkenntnis der physischen Welt hinfällig, und mit dem Grunde, auf dem sie aufgebaut ist, kommt auch die große Lehre, welche so vielen Millionen der Stern des Lebens und der einzige Trost im Sterben gewesen ist, in's Sinken. Es ist ein Sinken, wie es tragischer in der Geschichte der Menschheit nicht zu denken ist.

Was will man dagegen sagen? Wahrlich, wer hier einmal zunächst in aller Kürze die Konsequenz des kosmischen Gedankens für die christliche Religion zieht, der muß ganz Ohr, ganz guter Wille sein für alle Gedanken, die als Rettungsversuch für das Allerheiligste so vieler Menschenseelen auftreten.

Man kann zuerst sagen, und wird zu allererst dazu seine Zuflucht nehmen, daß man sagt: Aber alle die Behauptungen, daß es noch menschheitsähnliche Wesen auf den Planeten des Weltalls gebe, besitzen ja keine Gewißheit, sind eingestandenermaßen nur Wahrscheinlichkeitskonstruktionen, mit denen man einmal ein Geistesspiel treiben mag, aber nicht so furchtbare Konsequenzen ziehen darf. Wir haben aber gesehen, daß unsere im vierten Kapitel angestellten Wahrscheinlichkeitserwägungen, gänzlich sachlich gehalten und durch keinerlei Gedanken an daran zu knüpfende Folgerungen beflügelt oder eingeschüchtert, zu dem nicht abzuweisenden Resultate kamen, daß die Wahrscheinlichkeit der Existenz menschenähnlicher Geschöpfe außer der Erde so groß ist, daß sie überall in jeden Ansatz eingestellt werden muß, und nicht ihr Gegenteil. Man will also doch wieder auf den ganz unmöglichen, unannehmbaren Gedanken hinaus, daß die Erde die ganze Pointe des ungeheuren Weltalls sein soll. Ja, bis zu Luthers Zeiten, in dem aristotelisch-ptolemäischen Weltgebäude, war das selbstverständlich. Aber jetzt? Wir versetzen uns einmal in Gedanken aus der durch die Parteileidenschaft der Menschen, die alle Recht bebehalten wollen, getrübten Atmosphäre der Erde hinweg in den unparteiischen Mittelpunkt des von unserem Auge beherrschten Sternenhimmels. Dort sehen wir unsere Sonne als das ganz schwache Lichtpünktchen eines Sternes sechster Größe, von allen ihren Planeten nicht die entfernteste Möglichkeit einer Wahrnehmbarkeit. Um uns herum, in allen Richtungen des hohlen Körperraumes, flimmern Sonnen als Fixsterne aller Größen. Dort sollen wir den Gedanken fassen können: ein unsichtbares schwarzes Pünktchen in der Nähe jenes Sternchens sechster Größe ist an Wichtigkeit allen den uns umstrahlenden Welten weit überlegen, ist der Sinn und das Ziel dieser ganzen Schöpfung, der Augapfel der unaussprechlich hohen, geheimnisvoll tiefen, heilig hehren Macht, die dieses alles geschaffen hat? Nimmermehr! Daß man es dort und wie dort an unzähligen ähnlichen Orten glaubt, sagt und sich daran klammert, ist ja ganz begreiflich, ganz natürlich, aber in dem Centrum reiner Wahrhaftigkeit nimmermehr.

Man kann zweitens sagen: Alle jene Wahrscheinlichkeitsschätzungen an sich zugegeben, sind wir doch in unserem inneren Gefühl so sehr von der Wahrheit unseres Erlösungsglaubens durchdrungen, daß jene Wahrscheinlichkeit, sofern sie mit diesem in Widerspruch treten will, für uns gar nicht da ist. Dies läßt sich sagen für den Bereich des Bewußtseins, das sich so ausspricht, aber nicht mit der Kraft, die entgegengesetzte Meinung in dem niederzukämpfen, der sie aus reinen sachlichen Gründen, die sich in ihrer Sphäre halten, hegt. Man mag hinzufügen, daß über die Wahrheit des Wahrscheinlichkeitsergebnisses niemals eine Gewißheit zu haben sein werde, und daß man sich als Mensch auf das beschränken wolle, was auf den Menschen sich beziehe. Aber als Menschen können andere nicht umhin, aus dem wahren Bilde der physischen Welt die Schlüsse zu ziehen, auf die es hindrängt, und die für die Beurteilung des Inhalts der physischen Welt bei weitem das Wichtigste sind. Die Berufung auf das unmittelbare Gefühl wird sich auch verbinden mit der auf die Offenbarung und auf die persönliche innere Erfahrung. Die Gewißheit der Offenbarung vorausgesetzt, würde man freilich die Ergebnisse der Wahrscheinlichkeit irgendwie los zu werden suchen müssen, z. B. durch die Bekämpfung des kopernikanischen Systems überhaupt, wovon noch später, oder durch die Annahme, daß Gott die ungeheuere außerirdische physische Welt nur zum Schauspiel für die Engel oder zur Bethätigung seiner Allmacht ohne geschöpfliche Wesen geschaffen habe. Den Gedanken, daß die Sternenwelten um der Engel willen, als ein Gegenstand ihrer intellektuellen Bewunderung und als ein Stoff zu ihrer Verherrlichung Gottes da seien, weist selbst ein so gläubiger Denker wie Pohle, Sternenwelten S. 413f. zu gunsten der Ueberzeugung, daß sie um sinnlich-geistiger Bewohner willen da sein müssen, zurück. Wir anderen, die wir uns an die Erfahrung und die aus ihr zu ziehenden Schlüsse halten, können diese Hypothese überhaupt nur mit Lächeln in unsere Gedanken aufnehmen. Der Gott aber, der nur zur Bethätigung seiner Allmacht, gewissermassen zur Kühlung unermeßlichen Schöpfungsdranges ein solches Gefallen daran hätte, Riesenkugeln über Riesenkugeln in den Raum zu werfen, wäre doch ein Wesen von seltsam fremder Art im Vergleich zu dem sich in der Offenbarung so sehr auf die Erde konzentriert gebenden Gott. Die Gewißheit der Offenbarung aber steht für uns nicht absolut fest, sondern nur als ein Gegenstand unbefangener Prüfung: treten übergewichtige Gegeninstanzen gegen sie auf, so halten wir sie eben nur für einen Gegenstand menschlichen Dafürhaltens, welches in sich sehr begreiflich ist, aber eine Thatsächlichkeit ihres Inhaltes nicht mit sich führt. Was nun endlich die inneren Erfahrungen betrifft, so gelten sie nur für ihren Bereich, und es ist unglaublich, wieviel Täuschung und Selbstbetrug in ihnen stecken kann. Man zeige Eine innere Erfahrung auf, die nicht durch den subjektiven Glauben an die Wahrheit desjenigen Bestandteiles an ihr, der über das dem Menschen wirklich Zugängliche hinausgerückt wird, erklärlich wäre und die es zu ihrer Begreiflichkeit notwendig machte, die vom Menschenglauben unabhängige Realität jenes Bestandteiles anzunehmen. Dennoch treten speziell innere Erfahrungen häufig genug mit solcher Zuversicht auf ihre Beweiskraft für die Wahrheit des Inhaltes des christlichen Glaubens, wie er oben skizziert ist, in dem religiösen Gedankenaustausch auf, daß man ihnen die Beweiskraft innerhalb des individuellen Trägers des Glaubens wohl einräumen darf: nur fremde Ueberzeugung können sie nicht erzwingen, namentlich gegen eine so außerordentliche Macht der Gegengründe, wie sie im kosmischen Gedanken liegt. Aber es erheben sich doch auch noch gewisse trostlose Gedanken gegen die Reinheit der inneren Ueberzeugung, welche sich hier ihrer selbst gewiß gegen die Kraft der sachlichen Argumentation bewahren will. Auch diese Gedanken müssen, so sauer das auch dem Zartgefühl ankommt, ausgesprochen werden, da es sich darum handelt, einen allerwichtigsten Punkt in dem zukünftigen Geistesleben der Menschheit ins Reine zu bringen. Der Wille, der sich hinter jene Ueberzeugung stellt, ist, so verzeihlich und edel er auch ist, doch nicht ganz lauter: weil er der Erkenntnis nicht die Ehre geben will, wie sie auch ausfallen möge, sondern sich ein für allemal auf einen vorausgefaßten ganz bestimmten Inhalt einschwört. Es ist auch nicht die ganz reine Liebe zu diesem Inhalt, welche diese Haltung herbeiführt. Man hat im Leben so dagestanden, daß man mit jenem Glaubensinhalt ganz verschmolzen und solidarisch ist, man will von ihm nicht lassen, weil man nicht seine ganze Vergangenheit in den Irrtum erklären will. Kommt nun gar etwa noch der geistliche Stand der Träger des Glaubens hinzu, so tritt das geheime Motiv in sehr große Kraft, daß man seine lautere Gläubigkeit ins hellste Licht setzen will, weil man ohne sie nicht mit Ehren diesem Stande angehören kann. Darauf hin will man dann sehr begreiflicherweise auf alle Fälle Recht behalten, und wäre es auch auf die Gefahr hin, eine so unbegreiflich seltsame Konstitution des Weltalls, daß sein geistiger Schwerpunkt in einem einzigen kleinen Planeten läge, in den Kauf zu nehmen. Zeigen kann man den Menschen vernünftige Bewohner anderer Planeten ja nimmermehr: daraufhin aber thut man, als ob dieser ganz äußerlich zufällige und aus äußeren Gründen notwendige Umstand eine innere

Schwäche in der Angriffsstärke des kosmischen Gedankens darstellte und dieser nicht durch innere Wahrscheinlichkeit furchtbar gerüstet wäre.

Man kann drittens sagen: Die Bewohnbarkeit vieler Planeten des Weltalls zugegeben, so braucht doch diese Bewohnerschaft nicht gleich der der Erde erlösungsbedürftig zu sein. Dies ist nun ein wirklich leichtsinniger Notbehelf von Ausflucht. Die „Erlösungsbedürftigkeit" der Menschen sei zunächst voll zugegeben, im Gegensatz zu denen, welche sie leugnen und nach ihrer Gefühlsweise gar nicht empfinden. Die Menschheit muß sich wirklich sehnen nach Erlösung von allem Uebel, ja auch der Sünde und ihrem Fluch. Viele, die wohlgemuten Erdenkinder, auch die zahlreichen Bekenner einer materialistischen Welterklärung und Lebensauffassung, finden freilich die Sündhaftigkeit der Menschen gemeiniglich gar nicht so schwer, noch weniger eines Fluches, am allerwenigsten eines ewigen Fluches würdig. Es hängt das mit angebornen Richtungen des individuellen Wesens und dem Grundton der Gemütsverfassung zusammen, wie man in dieser Beziehung empfindet. Ich persönlich würde mich in diesem Punkte gar nicht gegen die christliche Empfindungsweise erklären, obwohl der Verstand allerdings gegen die Vernünftigkeit der ewigen Verdammnis eines Geschöpfes durch seinen Schöpfer den allerkräftigsten Protest erheben muß; ich würde andrerseits immerhin nachfühlen können, wie so viele die menschliche Sünde und Schwäche für begreiflich und verzeihlicher erklären und das christliche Sündenbewußtsein mit Verdruß als etwas in den natürlichen Menschensinn Hineingeschrieeenes betrachten; nur daß diese auf alle Fälle den menschlichen Hang zum Bösen unterschätzen, die natürliche Güte des Menschenwesens übertreiben. Hier kommt es jedenfalls auf die christliche Voraussetzung der Erlösungsbedürftigkeit der Menschen an. Dann aber läßt sich schlechterdings die Erlösungsbedürftigkeit der übrigen Planetenbewohner nicht leugnen. Die Ausnahmestellung der sonst so hochbegabten Erdenmenschheit gerade in dieser entscheidenden Beziehung wäre ganz unbegreiflich. Wir müssen uns doch diese Planetenbewohner auch als sinnlich-vernünftige und als individuelle Wesen denken. Aus der sinnlichen Grundlage ihrer Natur muß entspringen, was das Christentum die böse Lust nennt, und aus der Individuation der ungöttliche, selbstische Eigenwille. Es ist ganz undenkbar, daß tausende von Jahren in vielen Millionen von Einzelexistenzen vergehen könnten, ohne daß alle Regungen der Sinnlichkeit und der kreatürlichen Ichheit jemals zu einer Uebertretung der göttlichen Norm führen sollten. Dann aber geht es weiter nach der Logik des christlichen Glaubens: „In Adams Fall ist ganz verderbt menschlich Natur und Wesen." Und dem wollte man widersprechen, um sich dem ganz ungeheuerlichen Resultat entgegen zu arbeiten, daß — die „Bewohnbarkeit" vieler Weltkörper an sich hier ja schon zugegeben — nun hinsichtlich der entscheidenden Beschaffenheit der Bewohner die Erde ganz allein eine Ausnahme im ganzen Weltall machen und gerade um der Schlechtigkeit ihrer Bewohner willen das allergrößte Opfer Gottes erheischen, ja allen Aufwand einer Heilsordnung auf sich ganz allein ablenken sollte?

Man kann viertens sagen, und Prof. Pohle sagt es wirklich a. a. O. S. 457: „Falls das Uebel der Sünde auch in jenen Welten seinen verderblichen Einzug gehalten hätte, so stehen Gott noch viele andere Mittel (außer der Inkarnation und Erlösung) zu Gebote, eine Schuld zu erlassen, die entweder auf einem Einzelnen oder auf einem ganzen Geschlecht lastet, wenn es ihm überhaupt gefällt, Gnade für Recht ergehen zu lassen." Man kann aber eigentlich nicht so sagen, und diese Aeußerung scheint mir ganz unglaublich aus dem Munde eines Mannes, der durch sein vorzügliches Buch über die Sternenwelten und ihre Bewohner sonst eine so große Sympathie für sich zu gewinnen weiß. Aber Prof. Pohle ist nun einmal als gläubiger Katholik in der Lage, daß ihm der Glaube absolut fest steht, mag auch sonst darüber biegen und brechen, was da will. Wie? Die Erlösung durch Christum wird durch einen gläubigen Christen als nur Ein — sozusagen beliebiges — Mittel neben vielen anderen erklärt, um das Uebel der Sünde aufzuheben? Welcher gläubige Christ in der Welt hätte das je so verstanden, daß diese Erlösung nicht von einer einzigen Dignität, aber nicht nur von einziger Dignität, sondern auch das einzige Mittel wäre, der Gerechtigkeit Gottes genugzuthun? Wozu denn die Betrachtungen und die Deduktionen des „Cur deus homo?" des Anselm von Canterbury, welche beide Konfessionen als Kern und Stern ihres Gehaltes in sich aufgenommen haben? Die Sache wird doch so aufgefaßt, daß die natürliche Vernunft freilich nicht aus sich selbst heraus den Ratschluß Gottes zur Erlösung hätte konstruieren können, aber daß die Vernunft im Licht der Offenbarung nun auch in stand gesetzt ist, diese Veranstaltung der Erlösung in ihrer göttlichen Notwendigkeit zu verstehen, sozusagen die Erwägungen Gottes, die zu ihr führten, für sich nachzubilden. Jesus selbst freilich lehrt beten „Vergieb uns unsere Schuld“ ohne Beziehung auf seine Erlösungsthat, aber welcher Gläubige wäre im ausgebildeten Christentum auf diese noch vorchristliche und z. B. alttestamentliche Auffassung zurückgefallen, daß Gott auch ohne Christi Verdienst der reuigen Bitte die Sünden vergäbe? In unbefangener Erwägung kann man es wohl sagen, aber wenn man es im Christentum sagen wollte, so hebt man alles Spezifische des Christentums auf und stellt sich auf den Boden einer monotheistischen Allerweltsreligion, was doch kein **Christ** will. Giebt es für Gott auch andere Mittel, Sündenvergebung zu üben, so bleibt „das kündlich große gottselige Geheimnis“ im schlechtesten Sinne des Unbegreiflichen übrig. Bei Pohle ist es offenbar der Gedanke der „Wahlfreiheit“, d. h. das grundlose Belieben Gottes, der in den letzten oben von ihm angezogenen Worten deutlich durchschimmert und hinsichtlich dessen er sich dort auf Thomas von Aquino beruft, welcher ihm in allerdings höchst begreiflichem Bedrängtsein den schlechten Notbehelf dieser letzten Ausflucht eingegeben hat, nachdem er in seinem Buche für die Bewohnbarkeit der Sternenwelten so wacker der Stimme der Vernunft (der Erwägungen rationeller Wahrscheinlichkeit in Verbindung mit gründlicher Durchmusterung der astrophysischen Anhaltspunkte) gefolgt ist. Es ist nicht zu leugnen, daß in dem Dogma von der „Wahlfreiheit“ Gottes den Verteidigern der christlichen Erlösungslehre mit Einem Male eine Festung sich bietet, in der sie nicht überwältigt werden können. Denn nun ist alles der Vernunft Unbegreifliche in der göttlichen Willkür geborgen, z. B. also eine Welt von Millionen Sonnen und Erden, davon eine einzige durch den wunderbarsten Gnadenbeweis vor allen übrigen weit bevorzugt wird. Aber andererseits können die, welche diese Festung halten, auch von dort aus keinen siegreichen Ausfall machen und den Abfall der Schwankenden, die nur gerade nicht hinter diesen dicken Mauern eingeschlossen sind, nicht verhindern. Dem Glaubenssatz von der Wahlfreiheit Gottes entspricht auf menschlicher Seite der Entschluß zum Glauben gegen alle Vernunft: aus der „Wahlfreiheit" quillt ja etwa auch das aller Begreiflichkeit spottende Willkürliche hervor, und was von solchem das kirchliche System als gottgewollt hinstellt, muß dann vom Glauben als gottgewollt anerkannt werden. Wer so denkt, der kann in seiner Festung allerdings sicher ruhen, aber auf Widerstand im freien Felde kann er sich keine Hoffnung mehr machen und auf Eroberungen kann er nicht mehr ausgehen. Eine wissenschaftliche Gewißheit über das Wesen Gottes giebt es nicht. Aber so viel kann man als der menschlichen Besonnenheit plausibel hinstellen: innerhalb des Weltlaufes giebt es nach Uebereinstimmung der Erfahrung und Vernunft kein willkürliches göttliches Eingreifen. Die Kausalität herrscht hier von Veränderung zu Veränderung unverbrüchlich. Der Weltanfang muß allerdings der göttlichen Freiheit zugeschrieben werden, denn vor ihm giebt es keine Zeit, fehlt es also an der Bedingung des Sichgeltendmachens der Kausalität. Ob die grundlose göttliche Freiheit in der zeitlosen Ewigkeit vor Beginn der Welt auch noch in irgend einer anderen Weise als in dem Anstoß zum Hervortreten zeitlichen und endlichen Seins sich bethätige, wissen wir nicht: unser einziger Anhaltspunkt für die Annahme einer Bethätigung der göttlichen Freiheit liegt eben nur in der Thatsache, daß eine Welt geworden ist. In gesetzgebende göttliche Vernunft, in die Herrschaft der Kausalität und Teleologie tritt diese eben mit dem ersten Moment der Zeit hinein, die sich aus der göttlichen Ewigkeit löst. Andere Ratschlüsse Gottes für die Welt, die erst mit der Zeit entstehen soll, würden nicht im Verhältnis von Folge zu Grund zu denken sein, wenn man nicht die göttliche Freiheit eben schon zu gunsten eines Motivationsprozesses sich ihrer selbst entäußern lassen will. Wie aber die göttliche Freiheit mit irgend welcher Bethätigung grundloser Willkür bei sich selbst bleiben, nicht etwas aus sich selbst heraus setzen sollte, ist nicht einzusehen: wir kämen also doch wieder nur zu dem Weltanfang als der einzigen Dokumentierung göttlicher Willkür. Gott schon in Ewigkeit über die noch konditionale zukünftige Welt mit sich zu Rate gehen und zu Ratschlüssen kommen lassen, heißt, Gott vermenschlichen. So wird auch die „Wahlfreiheit" Gottes von der vermeinten (und von der katholischen Kirche*) zum Dogma erhobenen) menschlichen Wahlfreiheit übertragen. Die menschliche Freiheit besteht in der menschlichen Verantwortlichkeit, die anzunehmen eine praktische Notwendigkeit, aber eines der dunkelsten theoretischen Rätsel ist. Ich finde dies Rätsel am besten in E. v. Hartmanns „Sittlichem Bewußtsein", daselbst dem klassischen Kapitel „Das Moralprinzip der Freiheit" nach allen denkbaren Richtungen hin befriedigend gedeutet und den praktisch notwendigen Glauben in verständlicher Weise theoretisch gestützt. „Wahlfreiheit" aber kann die Verantwortlichkeit jedenfalls nicht bedeuten. Die „Wahlfreiheit" ist das „liberum arbitrium indifferentiae" und würde der völlige Einstand sein in der Fähigkeit, sich zum Guten oder zum Bösen zu entscheiden. Der widerspricht aber dem Gesetze des stärksten Motives, einem Spezialfall der Kausalität, er widerspricht auch aller Erfahrung, welche zeigt, daß die Freiheit, die Fähigkeit und Kraft, unter allen Motiven dem der Erkenntnis des Besten zu folgen, in den einzelnen Menschen, ja auch in den verschiedenen Zeiten ihres Lebens, in äußerst verschiedenem Grade vorhanden ist, je nachdem erbliche Mitgift, Erziehung, Gewöhnung und Uebung ihren Grad gestalten. Diesen Sachverhalt haben im Altertum und in der Neuzeit alle großen Denker aufgehellt, zuletzt Schopenhauer in seiner Preisschrift über die Freiheit des Willens, die bis auf ihren mystisch-abenteuerlichen letzten Abschnitt so überzeugend, wie seine andere Preisschrift über die Grundlage der Moral nicht überzeugend und mangelhaft ist. Alles fehlerhaft Gedachte hängt eng zusammen: mit der menschlichen Wahlfreiheit die ewige Verdammnis und die angebliche vielfältige Wahlfreiheit Gottes, mit dieser das Dekret, daß Gott in grundloser Willkür sein Weltall alles vernünftigen Verhältnisses seiner Theile beraubt und ein beliebiges Pünktchen grenzenlos bevorzugt habe. — Auch dadurch will Pohle die von ihm als wahrscheinlich existierend angenommenen Bewohner der Sternenwelten noch aus der Erlösungsbedürftigkeit eximieren, daß er geneigt ist, sie der allgemeinen höchsten geschöpflichen Bestimmung, der Bewunderung, Verehrung und Lobpreisung Gottes hingegeben zu denken, s. z. B. S. 415. 427.

*) Augustinus, Luther und Calvin lehren servum arbitrium.

In der That kann er der Erlösungsbedürftigkeit für sie auf andere Weise nicht entgehen. Nun aber denkt er sich doch die Bewohner der Sternenwelten als Wesen auf der Grundlage einer körperlichen Organisation, oder, in christlicher Ausdrucksweise, im Reiche der Natur. Wie kann er sie denn behandeln als schon „im Reiche der Herrlichkeit" befindlich, d. h. nur von sündloser Gottesliebe und ihrer Bethätigung erfüllt? Um das Christentum mit dem kosmischen Gedanken, dessen er sich nicht erwehren kann, ja für den er als ein sehr verdienstlicher Vorkämpfer aufgetreten ist, vereinigen zu können, läßt Pohle unter der Hand das Wesentliche des Christentums, Sünde und Erlösung, fallen und thut, als ob das Christentum nur die Religion von der (erfüllbaren) höchsten Bestimmung der vernünftigen Geschöpfe wäre. Wenn dies thatsächlich, d. h. geschichtlich, richtig wäre, so wäre allerdings gar kein Widerspruch zwischen dem Christentum und dem kosmischen Gedanken vorhanden, denn der Verehrung und Liebe Gottes auf der Erde nachzugehen wird nicht im mindesten dadurch verhindert, daß ihr auch noch auf Millionen anderer Erden nachgegangen wird. Aber die christliche Erlösungsreligion ist ja noch etwas ganz anderes als die Beschreibung (und inbrünstige Erfassung) des Zustandes der Vollendung oder Herrlichkeit, sie setzt ein mit der Thatsache einer gefallenen Menschheit und findet ihren Hauptinhalt in dem Dogmatismus der Menschwerdung Gottes zur Aufhebung des irdischen Sündenfalles. Damit tritt sie in einen unlöslichen Konflikt mit dem kosmischen Gedanken, einen Konflikt, auf dem sie die schwächere, zerschellende Seite ist.

Oder will man fünftens sagen: Nun gut, wie auf der Erde, so ist Gott auch auf anderen Sternen, wo es nötig war, Fleisch geworden und hat auch dort immer wieder das Erlösungswerk vollbracht? Hans Herrig sagte es mir ganz unbedenklich als Antwort auf meine 1868er Schrift über die kopernikanische Wahrheit und das christliche Dogma. Troels sagt in dieser Beziehung (S. 251): „Sich das Weltenschauspiel (das Erlösungswerk) auf den verschiedenen Bühnen wiederholt, in ein reisendes Gastspiel verwandelt zu denken, war ein entwürdigender, ein gotteslästerlicher Gedanke, auf den man sich weder einlassen konnte noch wollte." Handelte es sich um einen Buddha, so wäre Hans

Herrigs Lösung gewiß annehmbar. Die Buddhisten kennen ja unzählige, übrigens phantastische, mit der Erde auf gleichem Horizont liegende Welten, was wohl nur ein Ausdruck für die unermeßlich gedachte Erde ist, und sie nehmen so wenig Anstoß, sich den siegreich Vollendeten auch auf diesen Welten inkarniert zu denken, daß sie sogar diese Vorstellung als ganz selbstverständlich in ihre Religionsvorstellungen mit aufnehmen, wodurch freilich das andere Glaubensmoment, daß er in das Nirwana eingegangen sei, in Gedanken einmal zurückgedrängt wird. Es ist ein allen „henotheistischen" (E. v. Hartmann, Das religiöse Bewußtsein der Menschheit, S. 93) Unvereinbarkeiten analoger Widerspruch. Hans Herrig war auch für die Welt des religiösen Glaubens mehr ästhetisch und geschichtsphilosophisch als einfach religiös affiziert. Für die wirklich christliche Empfindungsweise hat, glaube ich, Troels durchaus recht; bei keinem gläubigen Christen könnte ich glauben, daß ihm die Wiederholung Golgathas auf anderen Sternen in seine Vorstellungen und Gefühlsweise einginge: dazu erscheint ihm das „Es ist vollbracht!" zu heilig und einzig.

Das kann man sechstens jedenfalls nicht sagen, daß die auf der Erde vollbrachte Erlösung auch für andere Welten gelte. Denn die Erlösung ist ja nur halb, wenn sie sich auf ihre göttliche Seite beschränkt, sie wird erst voll, wenn sie auch von den Erlösten im Glauben angenommen wird. Nun aber würden die Bewohner anderer Welten entweder von der auf der Erde vollbrachten Erlösung nichts wissen oder sie würden sie durch eine ausdrückliche göttliche Offenbarung erfahren. Wer aber wollte diese seltsame Annahme glaubhaft finden, in die doch auch mit aufgenommen sein müßte, daß Gott in seiner „Wahlfreiheit" oder Unerforschlichkeit gerade das Eine ablegene Pünktchen vor allen Stätten des Weltalls begnadigt hätte?

Man kann siebentes sagen: Die Erlösung durch Christum ist mir eine solche unwandelbare und unvergleichliche Gewißheit, daß ich um ihretwillen alle die astronomischen Lehren, welche die Voraussetzungen bilden für alle die Folgerungen, durch die sie gestürzt werden würde, für unrichtig (und das alte geocentrische Weltsystem für wahr) ansehen muß. Wohl zu beachten: dieser Einwand ist nicht derselbe wie der schon oben an zweiter Stelle behandelte. Der letztere bestritt nur die Wahrscheinlichkeitsfolgerungen für die Bewohntheit anderer Erden aus den astronomischen Lehren, ließ aber diese selbst unangetastet. Diesem Einwand ist oben geantwortet worden. Der neue, siebente, sagt: Wenn die astronomischen Lehren richtig sind, so sind auch jene Wahrscheinlichkeitsfolgerungen unausweichlich, und er giebt zu, daß es dann um das christliche Centraldogma geschehen wäre. Er argumentiert aber: Da das Christentum auf alle Fälle wahr sein muß, können also die astronomischen Lehren (wie sie von uns im vierten Kapitel rekapituliert sind) nicht wahr sein. Sehr wenige Christen überwinden die Scheu, sich mit allgemein anerkannten Lehren der astronomischen Wissenschaft in Widerspruch zu setzen und die größere Scheu, bei ihren Mitmenschen als Dunkelmänner der krassesten Art zu erscheinen, so weit, daß sie zu diesem siebenten Einwand ihre Zuflucht nähmen. Es giebt aber doch auch solche. 1868 nahm Dr. Karl Schöpffer gegen Lisco und gegen meine Schrift diesen Standpunkt ein und wurde dafür mit Pastor Knak in den Zeitungen als „Sonnenschieber" lächerlich gemacht, wobei nur Eins eine drückende Empfindung war: daß die große Mehrheit der astronomisch-orthodoxen Erdschieber nicht im stande gewesen sein würde, sich über die Gründe der Lehren der neueren Astronomie Rechenschaft abzulegen, sondern in einer Art von wissenschaftlichem Köhlerglauben handelte. Die Stellung von Knak und Schöpffer war aber doch noch etwas verschieden. Knak hatte in der Synode einfach geäußert, daß er um der bekannten Josuastelle willen die (jährliche und die zunächst in Betracht kommende tägliche) Bewegung der Erde nicht glaube. Ihm hatte der protestantisch-liberale Pastor Lisko scharf vom Standpunkt der modernen Bildung erwidert, und davon war der ganze Knak-Liskosche Zwischenfall für die Zeitungen ausgegangen. Knak hatte sich nicht im mindesten auf eigene astronomische Studien, ihre antikopernikanischen Resultate und auf Gründe für solche berufen. Sein Standpunkt war einfach: „Alles, was in der Bibel steht", ist unbedingt wahr, und was dem widerspricht, muß eben deshalb unbedingt falsch sein; einer weiteren Nachweisung des Irrtums bedarf es nicht; ist sie zu führen, gut, wo nicht, basta! Es ist sonnenklar, daß mit diesem Standpunkt überhaupt nicht zu streiten ist. Aber es gilt noch mehr von ihm als von dem zweiten Einwand, daß man ihn sich selbst überlassen muß; Ausdehnungskraft über das beschränkte Ich, das auf ihm steht, wird er heutzutage kaum noch irgendwelche haben. Dr. Schöpffer hatte schon einige Jahre vorher eine Broschüre geschrieben, in welcher er mit astronomischen Gründen nachweisen wollte, daß es mit der (kurz gesagt) kopernikanischen Lehre nichts sei, daß, „wer an sie glaube, auch an allen Unsinn glauben könne", wie er mir damals schrieb. Das Motiv war bei ihm noch deutlicher und bewußter die Rettung des Christentums; eine Forschung nach Wahrheit, wie sie auch ausfallen möge, war seine Sache ganz und gar nicht, dagegen machte die Ehrlichkeit einen sehr guten Eindruck, mit der er ja nun die Sophistik aller Ausflüchte anerkennen konnte, da er offen bekannte, daß, wenn die Lehren der modernen Astronomie richtig seien, das christliche Dogma seine Grundlage verliere. Unter den Gründen für seine antikopernikanische Ansicht erinnere ich mich noch aus seiner nun längst vergessenen Broschüre der Behauptung, daß aller Glaube an die moderne Astronomie sich wesentlich auf das Eintreffen aller astronomischen Vorausberechnungen stütze. Das ist richtig. Sodann aber der weitergehenden Behauptung, daß die Vorausberechnungen ebenso gut von antikopernikanischem Standpunkt zu führen seien. Das ist ganz falsch, wenigstens, wenn man von so elementaren Vorausberechnungen absieht, wie Mondfinsternisse, allenfalls Sonnenfinsternisse sind, bei welchen letzteren aber schon die genaue Beschreibung des Weges, den die Spitze des kleinen Schattenkegels des Mondes über die Erde nimmt, ohne Gauß' theoria motus corporum coelestium, die auf Kepler und Newton fußt, nicht zu leisten sein wird; von der auf Jahrhunderte hinaus zu ermöglichenden sicheren und genauen Bestimmung der uranographischen Länge und Breite, die jeder beliebige Planet in einer gegebenen Zeitsekunde einnehmen wird, ganz zu schweigen. Weiter behauptete Dr. Schöpffer, in Kapland seien Vorübergänge von Fixsternen vor der Mondscheibe beobachtet worden. Wenn dem so wäre, so wäre freilich die ganze moderne Astronomie gründlich widerlegt und die herrschende Stellung der Erde für alle Weltkörper glücklich retabliert. Nun aber sind in dem Augenblicke, wo ich dies schreibe, Anfang Januar 1900, in Kapland freilich manche glänzende Sterne in sehr sublunarische Regionen versunken, aber von dem Durchgange eines Fixsternes zwischen Mond und Erde hat kein Astronom je etwas gesehen. Die Fixsterne sollten nach Dr. Schöpffer leuchtende elektrische Punkte sein. Wenn sie nicht Sonnen und Mittelpunkte von Planetenbahnen wären, so soll dies mein Buch der Teufel holen. Einen weiten Spielraum aber nahm in Schöpffers Broschüre die Erzählung ein, wie er seine antikopernikanische Ueberzeugung und Broschüre bei ersten Naturforschern an den Mann zu bringen versucht habe. Da war ihm z. B. Wilhelm Weber, der große Physiker und, mit Gauß, Erfinder des Telegraphen, als er von Schöpffers Anliegen hörte, vor seinem Hause an der Ecke der Poststraße in Göttingen durch einen Sprung über das Gartenbeet ausgewichen: das war der Rückzug, den die astronomische fable convenue vor der Wahrheit angetreten hatte. Bei dieser Gelegenheit erzählte Schöpffer in seiner Broschüre von seinem Aufenthalt in Göttingen: er sei gerade auf der Grohnderstraße vorübergegangen, als die alten Göttingern noch erinnerliche Explosion unter dem Dachraum bei „Pulver-Koch" — es war ja wohl im November 1854 — passiert sei, dabei habe ihn kein Ziegelstein getroffen. Der nicht gerade präparierte, aber doch deutlich erkennbare Nerv der Beweisführung war der: Das war Gottes ausdrückliches Eingreifen, daß ich nicht erschlagen wurde. Und wodurch verdiente ich das? Weil ich als der Widerleger des Kopernikus erhalten werden und die Menschheit noch von einem verhängnisvollsten Irrtum befreien sollte. Doch genug davon. Es wird aber klar, daß es für alle in diesem Buch behandelte Fragen sehr wichtig ist, daß noch einmal alle wesentlichen Gründe für (kurz gesagt) den Kopernikanismus in einfachster Verständlichkeit vorgeführt werden, wie in Kapitel IV geschehen ist. Sonst nimmt ein großes Stück von dem Felde der Beweisführung Autoritätsglaube gegen Autoritätsglaube ein, wenn auch der Glaube an eine sich durch den Erfolg sehr glänzend legitimierende Autorität. Gewiß, alle Raisonnements des Verfassers in diesem sechsten Kapitel wären am besten widerlegt, wenn die astronomischen Voraussetzungen, auf denen sie fußen, zusammenbrächen. Es hat meine vollste Sympathie, wenn jemand von wirklicher Sachbeherrschung einmal alle Schwierigkeiten, die etwa auch der modernen Astronomie entgegenstehen, zu möglichster Kraft herausarbeiten und konzentrieren wollte, um gegen die Burg des kosmischen Gedankens Sturm zu laufen. An dem Tage, wo diese Feste gefallen wäre, würde ich mich glückselig zu Bette legen, weil die allerdräuendste Heeresmasse der Gedanken, die unsere Seele nicht begreifen kann, von denen wir so furchtbar geschüttelt werden, außer Gefecht gesetzt sein würde. Aber ich fürchte, ich fürchte, es wird nicht möglich sein, wenigstens bin ich selbst bei solchen Versuchen immer von der Wucht der astronomischen Logik entscheidend zurückgeschlagen worden, mögen auch Rätsel gegen Rätsel sich austauschen.

Ganz im Gegensatz zu Carl Schöpffer finde ich es nun modern geworden, daß christliche Gläubigkeit, sofern sie überhaupt darauf verfällt, den kosmischen Gedanken zu denken und sich mit ihm auseinanderzusetzen, die Behauptung aufstellt, daß sie der kosmische Gedanke gar nichts anginge, oder vielmehr ganz unbefangen so thut, als ob dies der Fall wäre. Als ein, freilich schon sehr extremes, Muster dafür kann Bettex, der Verfasser der schon oben einmal genannten „Symbolik der Schöpfung" dastehen. Er geht in der Annahme der Bewohntheit anderer Planeten so weit, daß er (vgl. oben S. 75) sogar die Fixsterne troß des Glutzustandes ihrer Oberfläche für die Wohnstätte sogar besonders fein organisierter Geister ansehen möchte (S. 259). Vielleicht können diese sogar unsere menschlichen Erdenschicksale durch die Post der Aetherwellen wahrnehmem, vielleicht erfreuen sie sich eben jetzt, in einer Entfernung von fast vierhundert Lichtjahren, am Erdbilde Luthers (S. 246). Und trotzdem das Weltall also bevölkert sein würde von Wesen, die sich zu dem Menschen an Geisteskraft verhalten mögen wie der Mensch zur Mücke, bleibt „die Bibel" mit ihrer Verlegung aller Bedeutung der Schöpfung in die kleine Erde doch bei Bettex das Buch unfehlbarer Gottesoffenbarung. Sie setzt große Momente der Heilsgeschichte gern mit der Sternenwelt in Verbindung, so z. B. in der Geschichte der heiligen drei Könige (S. 244), also muß der Sternenhimmel dazu gut sein, zur Erde in dienende Beziehung zu treten. Kometen erwähnt die Bibel nicht, also können wir bei diesen von einer Bedeutung für das Menschengeschlecht absehen (S. 178). Wir selber werden freilich nicht immer so klein sein, sondern im Zustande der jenseitigen Vollendung werden wir vielleicht selber Welten, wirkliche physische Welten, schaffen können (S. 464). Mir ist dieser Standpunkt ein vollkommenes psychologisches Rätsel. Gar nicht zu reden davon, daß die großen Ereignisse der Menschengeschichte gar nicht so äußerer Art sind und so in freier Natur, mit der Chiffrierung ihrer Bedeutung, vor sich gehen, daß sie sich durch Aetherwellen zur Benachrichtigung des Weltalls fortpflanzen können; gar nicht zu reden davon, daß solche phantastischen Riesengeister für die nach ihrem Maßstabe höchst kleinlichen Erdenverhältnisse ein so großes Interesse haben sollen, wie kann man überhaupt von kosmischen Phantasieen — der vernünftige kosmische Gedanke kommt hier gar nicht in Betracht — so ganz durchdrungen sein und zugleich doch der Erde ihre Stellung belassen, die sie hatte, bevor die Menschheit noch zur wahren Erkenntnis des Kosmos gekommen war? Das thut Bettex in dem Maße, daß er z. B. höchst ernsthaft die Sonnen für „Typen der geistig himmlischen, direkt alles von Gott beziehenden Ichheiten, — der Christen“ erklärt, S. 178. Nun wissen wir doch, weshalb die Sonnen da sind. Glaubt der Mann selber an das eine wie an das andere? Wie kann dieser Glaube in eines Menschen Kopf eingehen? Glaubt er aber nicht daran, wie kann er diesen Selbstbetrug ertragen? Offenbar, um auf alle Fälle das Christentum oder „die Bibel“ hochzuhalten. Aber was kann ihm daran liegen, wenn er selbst nicht davon überzeugt ist? Wie kann er aber überzeugt sein, wenn die Sache selbst die allergrößten Schwierigkeiten in sich enthält? Sollte er die Aufmerksamkeit von diesen ablenken wollen, um die Vereinbarkeit des geistigen Geocentrismus mit dem kosmischen Gedanken durch seine Dreistigkeit zu ertrotzen? Fast möchte man es glauben, wenn man ohne Not bewußte Täuschung einem Mitmenschen unterschieben wollte. Aber das sei fern! Die Erklärung wird sein, daß „die Bibel“ durch angeborene und anerzogene, durch die Stellung im Leben genährte Prädisposition als absolut fest gilt, erhebe sich dagegen auch, was da wolle. Der andere Standpunkt ist der, daß man herzlich gern bereit ist, das, was in den Lebenskreisen, in denen man steht, für eine heilige Autorität gilt, als solche auf Kondition anzunehmen, aber auf möglichst unbefangene Prüfung der Giltigkeit dieser Autorität auf keine Weise verzichten kann. Es ist ja sehr möglich, daß man dabei einen heimlichen von vorn herein etablierten Gegenwillen in sich selbst zu überwachen und vielleicht auch zu bekämpfen hat. Aber der Wille, der auf der anderen Seite für diese Autorität einsteht, ist kein heimlicher und etwaiger, sondern ein ganz offenbarer und ganz fest entschlossener. Ich frage, welcher der beiden Willen der wirklichen Lauterkeit des Erkenntnisstrebens von allen vorgefaßten Meinungen und Neigungen und der Bereitwilligkeit, sich nach der Erkenntnis zu richten, besser entspricht. Man entscheide es an dem Ausruf, den ich einmal in einer Predigt gehört habe: „Kleine Erde, und doch die Stätte des größten Gotteswunders!" und welchen Bettex und sogar Pohle gerade so thun könnten. Das eine Urteil sagt: Die größten Thaten der göttlichen Vorsehung auch für die Erde anzunehmen, das kann nichts verbieten, aber die Ausschließlichkeit der Erlösungsveranstaltung für sie paßt nimmermehr zu ihrer nunmehr erkannten Weltstellung; das andere Urteil bringt diese Ausschließlichkeit um jeden Preis schon mit sich und geberdet sich nun, als ob sie nur die Unerforschlichkeit Gottes hier staunend verehren müßte und den auf der Hand liegenden Schluß gar nicht sähe: daß man vor der erkannten Weltstellung der Erde etwas angenommen hat, was man nach dieser Erkenntnis gar nicht mehr annehmen kann. Und bei dieser monströsen Vereinigung des Unvereinbaren ist Bettex' Buch ein Werk, welches eine quellende Fülle von Ideenreichtum mit einer wahrhaft glänzenden Schreibweise verbindet. Das macht das psychologische Rätsel, das hier vorliegt, noch unlöslicher, wenn man nicht etwa einen weiteren Schlüssel darin finden kann, daß es die Phantasie ist, die an jenem Ideenreichtum den größten Anteil hat und daß die Phantasie erfahrungsmäßig in einem gewissen Widerspiel steht zu der ganz anderen Geistesthätigkeit einer nüchternen Wahrheitsforschung, auf die es aber doch hier gerade besonders ankommt. Denn von einem Wettlauf der Phantasieen ist ja hier nicht die Rede.

Allen obigen Einwendungen gegen die Konsequenzen, die wir aus dem kosmischen Gedanken für die christliche Erlösungslehre zogen, und die nun, so viel ich sehe, erschöpft sind, steht aber noch Ein großer Gegengedanke gegenüber, den der Leser gewiß immer wieder eingeworfen hat und den ich nur nicht siebenmal wiederholen wollte. Er lautet: Ueberall löst sich der ganze Konflikt aufs überzeugendste aus der Einen Hypothese: daß die christliche Erlösungslehre zu einer Zeit sich bildete, wo man die wahre Weltstellung der Erde und der Menschheit noch gar nicht in Anschlag bringen konnte, vielmehr statt ihrer die dem Schein entsprechende voraussetzte; daß sich nun aber was ohne dieses Moment in der Wagschale entstanden war und sich anderweitig in die Herzen und Gesinnungen festgesetzt hat, mit der Macht des Beharrungstriebes erhalten will. Dies bedacht, gießt sich mit Einem Male sozusagen über die vernünftigen Wesenreiche durch den geistigen Kopernikanismus das gleiche Licht wie über das physische Weltgebäude durch den natürlichen Kopernikanismus, und es wird klar, daß, wenn das kopernikanische System schon bestanden hätte, solche Gedanken niemals im Menschen aufgekommen wären. Sind sie es aber, ja, dann suchen sie sich natürlich selbst gegen geborene Sieger zu bewahren, mit der Zähigkeit, die für alles, was dem Herzen lieb geworden ist, ein psychologisches Grundgesetz ist und sich auch ohne solche edle Entschuldigung in dem leidigen Rechtbehaltenwollen zeigt.

Die Beweiskraft des kosmischen Gedankens gegen die christliche Erlösungslehre äußert sich in doppelter Richtung. Erstens kann die Sache selbst nicht so gewesen sein und dieser Verteilung der inneren Weltökonomie in dem schreiendsten Mißverhältnis zur äußeren keine Richtigkeit zukommen. Zweitens aber kann nun denjenigen, die so gelehrt und einen so großen Irrtum begangen haben, prinzipiell nicht mehr der Besitz einer göttlichen Offenbarung zuerkannt werden. Wo diese festgehalten wurde, traten lauter lahme Ausflüchte und sophistische Rettungsversuche hervor; nimmt man aber nun an, daß auch, was als der Inhalt einer Offenbarung von oben her galt, in Wahrheit, wie alle anderen menschlichen Meinungen, ein Versuch von unten her ist, sich die Welt zu erklären, die Bestimmung des Lebens zu ergreifen und Normen des Verhaltens festzusetzen, so stimmt alles zusammen und wird vollkommen klar. Eine göttliche Offenbarung in dem weiteren Sinne, daß all dieses menschliche Bemühen eine göttliche Mitgift und Kraft des Menschenwesens ist, kann sehr wohl dem hohen Menschenstreben zuerkannt werden, auch wenn es sich langsam durch Irrtümer und Aufdeckung der Irrtümer aufwärts ringt; nur eine göttliche Offenbarung im Sinne fester Mitteilung unwandelbarer Wahrheit kann angesichts großer Thatsachen, hier der durch den kosmischen Gedanken ausgedrückten Thatsache, nicht angenommen werden. —

Nun kann man aber achtens nicht mehr von seiten der orthodoxen Kirchenlehre, sondern nun von seiten der freien protestantischen Auffassung des Christentums und der modernen Aufklärung auf die obigen Argumentationen aus dem kosmischen Gedanken folgendes erwidern: Die kirchliche Lehre von der Menschwerdung Gottes und der Erlösung durch Christi stellvertretende Genugthuung ist so wie so wissenschaftlich schon längst gefallen und dauert ohne inneres Recht nur noch eine Weile kraft der geschichtlichen „Trägheit“ in einer Minderzahl der Christen nur thatsächlich fort. Kaum irgend eine protestantische theologische Fakultät vertritt heute noch das kirchliche Dogma von der Erlösung im Sinne der Kirche. In der ganzen weltlichen Litteratur wird es als nicht vorhanden betrachtet, in der Gesellschaft wird es stillschweigend als überwundener Standpunkt vorausgesetzt. Die kritische Bibelforschung hat längst bewiesen, daß es in den Evangelien höchstens in schwachen Ansätzen vorhanden ist, dem Bewußtsein Jesu selbst fern lag und nur durch die von Paulus gegebene Anregung allmählich in der Kirche entwickelt wurde. Ferner ist sachlich gegen sie einzuwenden, daß gerade eine kriminalistische Stellvertretung eines anderen für den wirklich Schuldigen logisch unannehmbar ist. Ungöttlich würde weiter noch das Verlangen Gottes nach einer unendlichen Strafe für zeitliche Vergehungen sein; die im Stande der Strafunmündigkeit Gestorbenen hätten vor den anderen einen unverantwortlichen, rein zufälligen jenseitigen Vorzug, denn die Anrechnung der Erbsünde für wirkliche Sünde ist wiederum logisch unerträglich. Das wahre Christentum, die Lehre von der Barmherzigkeit und Liebe Gottes und der von uns unter einander geforderten Nächstenliebe hat einen ganz anderen Inhalt als das Dogma der Kirchenlehre. Die obigen Anfechtungen des Dogmas sind auch unwiderleglich, aber es bedarf ihrer nicht mehr, nachdem die Sache längst anderweitig ins Reine gebracht ist.

Darauf ist folgendes zu sagen: Daß die Dreieinigkeitslehre, von einzelnen Keimen abgesehen, noch nicht biblisch und die Lehre von der Erlösung durch Christum im Sinne ihrer kirchlichen Formulierung wenigstens den Evangelien noch fremd ist, wenn sie auch im Römer- und Galaterbrief sich schon im wesentlichen findet, ist vollkommen richtig. Dagegen ist der katholischen Auffassung, daß der Inhalt der christlichen Religion aus zwei Quellen zu entnehmen sei, der Schrift und der Tradition, oder, genauer, der Anwendung dieser katholischen Auffassung auf diese Kernfrage, nicht zu widersprechen in einer Weise, die auch die Katholiken, die sich auf den Boden ihrer Kirche stellen, überzeugen könnte. Denn mögen wir auch immer die Behauptung, daß die kirchliche Lehre von der Dreieinigkeit und der Erlösung bis auf die Tradition des Urchristentums und das Bewußtsein Christi selbst zurückgehe, für ganz willkürlich und unnachweisbar erklären, so ist doch vom Standpunkt des katholischen Glaubens aus der Satz unanfechtbar, daß sich im kirchlichen Christentum kein Bestandteil von wesentlicher Bedeutung finden könne, der nicht auch Christi Lehre und Bewußtsein angehört habe. Wird doch die Kirche als die göttliche Offenbarungsanstalt und der Heilige Geist als die die Offenbarung erteilende und rein bewahrende Gotteskraft im grundlegendsten Glauben geglaubt: was also die Kirche lehrt, damit kann kein fremdes Element in sie hineingedrungen sein, und ist ihr Glaubensstand nicht für alle Zeiten durch ausdrückliche Dokumente nachweisbar, so muß er doch als von Anfang an mit sich selber übereinstimmend geglaubt werden, und um so mehr, als das Centrum des Glaubens, die Gottheit Christi, die Annahme unmöglich macht, daß dem göttlichen Stifter der Religion ihr wesentlicher Inhalt nicht voll innegewohnt habe. Diese Logik ist, wie gesagt, in sich selber unanfechtbar, man kann sie nur bekämpfen, wenn man, aus wissenschaftlichen Gründen — weil bei unbefangener Prüfnng dann der Thatbestand nicht stimme — die Grundvoraussetzung nicht zugiebt: diesen Standpunkt aber lehnt jeder gläubige Katholik a limine zurück. Die anderen sachlichen Einwendungen aber halte ich freilich auch für überzeugend, — aber nur für den, der sich überzeugen lassen will: wer es nicht will, der setzt inneren Gründen andere innere Gründe entgegen, und erfahrungsmäßig bleibt dann jeder bei seiner Meinung. Innere Gründe haben es an sich, daß sie auf beiden Seiten den Eindruck machen: sunt haec ut disputantur. Es giebt freilich eine höhere Instanz in der unparteiischen sachlichen Logik, aber für diese pflegen die Menschen nicht zugänglich zu sein, und unweigerlich anzuerkennende wirkliche Denkfehler sind oft nicht nachzuweisen. Der kosmische Gedanke bietet gegen die kirchliche Erlösungslehre einen rein äußerlichen Gegengrund, aber eine Thatsache, und mit solcher ist für einen Gedankenstreit sehr viel gewonnen. Mit inneren Gründen könnte man oft die plausibelsten Resultate erreichen, wenn nicht äußere Zeugnisse feststånden. Wer getraute sich z. B. nicht, wenn auch wider sein besseres Gewissen, das die weite Entwicklungsfähigkeit des Menschen mit einsetzt, mit inneren Gründen es höchst glaublich zu machen, daß der Verfasser der „Iphigenie" nicht der des „Götz von Berlichingen," der „Jungfrau von Orleans" nicht der der „Räuber" sein könne, wenn wir es nicht durch äußere Zeugnisse gewiß wüßten, daß sie es doch sind? Deshalb ist die Argumentation aus dem kosmischen Gedanken keineswegs überflüssig, selbst wenn die inneren Gründe schon ihre volle Wirkung gethan hätten; denn das Zusammenbringen der Erkenntnisse, die doch in einem gewissen Zusammenhange stehen, aus den verschiedensten Regionen liegt immer in der Regsamkeit des Menschengeistes und kann sehr fruchtbar in seinen Ergebnissen sein. Was aber die Frage betrifft, was man echtes und eigentliches Christentum nennen soll, so ist ja unzweifelhaft, daß, wenn es gelänge, aus der kritischen Sichtung unserer Ueberlieferungen das Christentum Christi selbst mit Gewißheit zurückzukonstruieren, dieses einen Anspruch auf jene Benennung haben würde. Andererseits aber ist doch in der Länge der Jahrhunderte, gleichviel mit welchem Rechte im Verhältnis zum Urchristentum, was Christentum ist aufs deutlichste ausgeprägt, und was so thatsächlich Christentum geworden ist, das ist immer die Religion der Erlösung durch Christum gewesen, und zwar in solcher Bestimmheit, daß die Unterscheidungslehren der einzelnen Konfessionen gegen den gemeinsamen Kern wirklich gar nicht in Betracht kommen. Daß die Studierenden der evangelischen Theologie auf den Universitäten nicht mehr zu Dienern der Kirche herangebildet werden, ist richtig, aber wenn sie erst in das praktische Amt kommen, so schließen sie sich größtenteils mehr oder weniger schnell wieder dem kirchlichen Geiste an, teils, weil das Kirchenregiment in dogmatischer Beziehung fester am Alten hängt als die theologische Wissenschaft, teils, weil die Wirksamkeit von der Kanzel und in der Seelsorge gesicherter ist auf festem Grunde als in der flüssigen Bahn der wissenschaftlichen Veränderlichkeit. Wenn man ferner die großen Kreise auf der Höhe und in der Tiefe unsres Volkes sich vergegenwärtigt, die außerhalb des kirchlichen Glaubens stehen, so darf man darüber die anderen, zahlreichen kleineren Kreise und noch zahlreicheren Einzelnen nicht vergessen, die noch zu ihm halten. Aeußere Einflüsse sind dabei freilich vielfach maßgebend. Wie würde es mit der Religiosität in Deutschland aussehen, wenn die letzten fünf preußischen Könige nicht dem Glauben der Väter angehangen hätten, wenn sie statt dessen dem Geiste Friedrichs des Großen gehuldigt und sogar dessen, dem 18. Jahrhundert entsprechende Aufklärung durch den Anschluß an die Vertiefung des modernen Geistes rektifiziert und weiter entwickelt hätten? Aber auch nach Abzug des großen Anteils, der für die Glaubensfestigkeit sicher auf diese Einflüsse zu setzen ist, bleibt doch noch genug kirchliche Gläubigkeit übrig. Und von der weltlichen Litteratur hat sich ein großer Kreis einer Litteratur, die sich mit Recht christlich nennt und so genannt wird, abgezweigt, der weitgehende Wirkung übt und zahlreiche sichere Leser und Leserinnen in seinem Banne hält. Ueberflüssig ist es deshalb gewiß nicht, darauf aufmerksam zu machen, daß die Einsicht in den physischen Weltbau und die daraus zu ziehenden Folgerungen den Anspruch erheben, den religiösen Besitzstand mit diesem neuen Element des Wissens zu vergleichen und beide sich ernstlich mit einander auseinandersetzen lassen. Ob es opportun ist, weiß ich nicht, ja ich fühle aufs deutlichste die respektvolle Scheu, den religiösen Glauben jemandes anzugreifen. Aber wir Menschen stehen nun einmal in einem gemeinsamen Austausch unserer Meinungen über die Wahrheit, und das ist einer der höchsten Adelstitel unserer Verbindung untereinander. Lust des Angriffes um des Angriffes willen ist es deshalb bei Troels und mir gewiß nicht, was uns treibt, den Streitapfel des kosmischen Gedankens in die Welt zu werfen. Vielmehr hat uns dieser Punkt der großen Wahrheitsfrage überwältigend in seinen Strudel gezogen, und da glauben wir nun, daß der Wahrheit nach Kräften nachzugehen, ein kategorischer Imperativ ist, welches auch die Folgen sein mögen. In Wahrheitssachen muß man nicht nach den Folgen, sondern nach den Gründen fragen, und der hohen und wundersamen Menschennatur zutrauen, daß sie ihren Kampf nicht fliehen will, sondern sich in ihm stählen, durch nächtliche Abschnitte des Weges zu vollerem Licht emporringen wird. Was der Geisteshöhe des Vogels Strauß entspricht, entspricht nicht der des Menschen, und ohne Befriedigung des Wahrheitsgefühles sich auf eine vorfrühe Gewißheit einschwören, das läßt einen geheimen Schauder im Gemüt zurück, der doch früher oder später aus der Ruhe aufscheucht. — Auch sage man nicht: Unser gegenwärtiges Leben ist schon so sehr durch andere große und uns näher liegende Gedanken von folgenschwerem, nach Gestaltung ringendem Inhalt in Anspruch genommen, daß es nicht geraten ist, nun noch den „kosmischen" Gedanken aufzuwühlen; der nationale und der soziale Gedanke z. B. mit allem, was sie an gewaltigen Aufgaben stellen, schüttele das deutsche Volk schon gerade genug, als daß nicht eine Verwirrung durch so fernliegende Dinge unwünschenswert erscheinen sollte. Aber dies sind keine fernliegenden Dinge: allabendlich blicken sie uns vom Sternenhimmel mit tausend Augen so fragend, so aufrüttelnd, so drängend an, und das mit einer solchen, zu unserem unmittbaren Weltbilde gehörigen Leibhaftigkeit, daß man ihrer sich gar nicht erwehren kann, wenn einem nur ein erstes Verständnis dieser Mahnung aufgegangen ist. Und unter einer Nation von 55 Millionen Seelen sollten doch so viel Kräfte überschüssig sein, um auch dieses Rätsel nicht unbeachtet stehen zu lassen. Kommt es erst einmal in den Brennpunkt der Beachtung, dann wird es sich schon in nicht zu langer Zeit so abklären, daß sich eine gewisse Einigung der Menschen darüber ausbilden wird, wie man sich die ungeheuere Thatsache des Sternenhimmels mit den übrigen Gedanken, die den Kommentar zum Buche des Lebens ausmachen, verschmelzen will, denn hunderte und tausende von Augen sehen mehr als Troels' und meine Augen. Auch jene anderen, umfassenden, aber so recht eigentlich terrestrischen Gedanken werden dann ihren Vorteil haben, sofern sie aus beschränkter Leidenschaftlichkeit mit einem Gran erhabener Gelassenheit angesprengt werden und das Raubtum, welches Schlagworte über die Seelen auszuüben pflegen, ein wenig eindämmen werden. Ob aber Zeit und Stunde dieser Klärung günstig sein werden, können wir freilich nicht wissen. Wie der, welcher ganz von der Aufmerksamkeit nach einer Richtung oder einem inneren Gedanken hingenommen wird, die stärksten Eindrücke überhören kann, so sind auch in dem letzten Jahrhundert vielfach die mächtigsten Worte verhallt, wenn sie nicht gerade in das gerade aufgerührte Interesse der Menschen einschlugen. Dann aber kann ihre Zeit schon später einmal eintreffen, und dann erinnert man sich auch an die ersten, verflogenen Anregungen. Nach innen hin ist im letzten Menschenalter die Anschauung der Menschen vielfach zurückgeblieben, weil es so sehr durch das Interesse für die äußeren Lebensgestaltungen absorbiert war; es ist gewiß an der Zeit, daß vieles in dieser Beziehung Versäumte nachgerade nachgeholt werde, widrigenfalls unser Volkstum auf die Dauer einer Veräußerlichung seines Wesens anheimfallen würde, die schon oft denen, die noch von der alten deutschen Art in sich tragen, erschreckend auf die Seele fällt.

Nun wird man aber endlich neuntens von derselben Seite her sagen: Die Befreiung des Christentums von seinem dogmatischen Ballast wird gerade erst recht die Herrlichkeit des reinen Christentums offenbaren; das Dogma von der Erlösung in seiner kirchlichen Fassung war eine Entstellung der Religion; sie ist innerlich besser und steht stärker da ohne dieses Dogma als mit ihm. Das ist nun ganz und gar nicht meine Meinung so; die Erschütterung des centralen Dogmas bedeutet nicht den Sonnenaufgang des Christentums, sondern weit eher einen tragischen Untergang.

Zunächst ist der übliche grundsätzliche Haß und die Verachtung „der Dogmen“ schlecht genug begründet. Eine Religion muß doch wissen, was sie will. Sie will aber nicht nur eine Lenkerin des sittlichen Lebens, sondern auch eine Deutung der Welt sein, und das erstere nur in innigstem Zusammensang mit dem zweiten. Religiös wird eine Deutung der Welt, wenn sie nicht nur den Verstand erhellt, sondern zugleich das Gemüt erschüttert und bewegt, sein Bedürfnis nach Ehrfurcht vor dem Höchsten und Letzten befriedigt. Dies alles ist aber nur möglich, wenn sie aus vagen und dunklen Gefühlen zu einer Bestimmtheit ihres Inhalts sich verfestigt. Danach strebt sie, sie will ihren Glaubensinhalt zu klarem Bewußtsein bringen, d. h. eine Tendenz zum Dogma ist ihr eingeboren. Ja, die vielen einzelnen Dogmen thun es nicht, sie können wohl mit Recht der üblichen Mißachtung verfallen, aber ein großes centrales Dogma mit sinnvoller Verzweigung ist ihr Hort und Halt. Ohne Rückbeziehung auf dieses werden die Ausführungen der Kanzelredner zu Behauptungen, die in der Luft schweben.

Das Dogma von der Erlösung aber ist zu allen Zeiten das gewesen, was alles Große des Christentums gezeitigt hat, natürlich nicht in kühler verstandesmäßiger Vorstellung, sondern als lebendig geworden in der Gesinnung, aber einer Gesinnung, die eben dem Dogma ganz entsprach. Alle großen christlichen Persönlichkeiten — und sie werden von keinen auf anderem philosophischen oder religiösen Grund und Boden erwachsenen herrlichen und Ehrfurcht gebietenden Persönlichkeiten übertroffen — haben stets im Glauben an den, der sie durch sein Blut erlöst habe und ihre Gerechtigkeit geworden sei, gewurzelt, und nicht bloß ein sittliches Vorbild in dem Menschen Jesus sich zur Nacheiferung gestellt. Aus diesem Glauben sind immer die Ströme der die Natur im eigenen Selbst und in der Menschenwelt überwindenden Liebe Gottes und der Menschen geflossen, aus diesem Glauben der Weg der Heiligung gewandelt und die gewissenszarteste und willensstärkste sittliche Vollkommenheit erreicht. Sehr viele Menschen werden freilich nicht mit Sinn und Verständnis für diesen Lebensgrund, sozusagen ohne persönliches Talent zu seiner Aneignung geboren, aber wo die Empfänglichkeit für ihn seinem Gehalt und Wesen entgegenkommt, da kann sich eine Reinheit, Schönheit und Erhabenheit des inneren Menschen entfalten, die in dem Beurteiler jedes Verlangen nach einer andern Lebensgrundlage niederschlägt. Ich habe diese Persönlichkeiten im Leben, in geschichtlichen Bildern und in ihren Werken gesehen, und dagegen kommt kein liberaler Protestantismus auf, der etwa für die ersten unter seinen Vertretern dieselbe Gotteskraft und Gottseligkeit in Anspruch nehmen möchte. Auch als allgemeine Geistesmacht, die über das Leben der einzelnen hinausgreift und sich in den Zuständen der menschlichen Gesellschaft spiegelt, hat das Christentum im wesentlichen immer als die Religion der Erlösung durch Christum dagestanden, nicht etwa als die sittliche Gesinnung der Anhänger des Bergpredigers oder der Humanität und Toleranz und der Nächstenliebe, zugleich um der Liebe und um des Nächsten willen. Die eigentlich christliche Nächstenliebe wurzelt in der übernatürlichen Liebe Gottes und in der Heiligung der erlösten und wiedergebornen „neuen Kreatur". Die Früchte des Christentums sind zum allergrößten Teile altchristlichen und nicht neuprotestantischen Geistes. Die Früchte der Geistesfreiheit dagegen sind zum Teil ein Ruhmestitel des Protestantismus und können auf altchristlicher Seite nicht ihresgleichen haben; dagegen wachsen sie auch oft über die vom Protestantismus eingeräumte Freiheit noch weit hinaus, sie sind nicht Früchte freier Forschung „in der Schrift", sondern der Forschung (oder Dichtung und Gestaltung) in völliger Unabhängigkeit von der Schrift, welche doch der Protestantismus als eine christliche Religionspartei nicht unbedingt zu geben kann, denn sie führen oft gänzlich aus dem Christentum heraus. Der Zusammenstoß mit dem kosmischen Gedanken trifft also nicht eine veraltete Erscheinungsform des Christentums, sondern seinen wahren Herzpunkt, der es immer gewesen ist. Wer das alte, eigentliche Christentum nicht liebt, weil ihm die Empfänglichkeit, der Widerhall für seine Geistesart abgeht, der wird triumphieren, daß ihm ein so mächtiger Feind ersteht, wer sich aber mit Hochschätzung, Verehrung und Rührung hineinfühlen kann, der muß eine wahrhaft tragische Empfindung haben über diesen Konflikt, in dem eine an innerlicher Art wundersame Macht zerschellt an einem ehernen Giganten von grenzenloser äußerer Ueberlegenheit. Die inneren Gegengründe des Verstandes gegen die Richtigkeit des wichtigsten Inhalts des christlichen Glaubens machen sich wenigstens nicht immer geltend und werden von unmittelbar christlicher Gefühlsweise verschmäht; sie zerfließen in den wunderbaren Klängen des christlichen Gemeindegesanges, der eine fromme Gesinnung ausströmt von einer herzergreifenden Art, wie es sie sonst auf Erden nicht giebt, oder sie erschaudern vor besonders großartigen und tiefsinnigen Worten der heiligen Schrift, wie z. B. von dem gottseligen Geheimnis, daß Gott geoffenbart ist im Fleisch, oder daß Christus des Gesetzes Ende und wer an den glaubt, gerecht ist. Das sind doch noch ganz andere Töne als die in Gêne vor der einfachen Kirchlichkeit so subjektivistisch gefärbten „süßen Himmelslieder," durch die Faust mit überquellenden Thränen von den Selbstmordsgedanken der Erde zurückgegeben wird. Die vielen, die mit keinen inneren Prädispositionen zum Christentum geboren sind, geht dies alles ja nichts an, die es aber sind, würden mit den inneren Gegengründen des Verstandes gegen eine des ewigen Verderbens werte Sündhaftigkeit und die christliche Möglichkeit der Rettung davon wohl noch fertig werden, weil trotz alledem ihr Gemüt daran keinen Anstoß nimmt. Mit dem Blicke in die Tiefe des Universums aber stehen sie einer furchtbaren, ungeheueren Thatsache gegenüber, und diese Thatsache schließt gerade das aus, was sie stets als den Kern ihrer Religion empfunden haben und ohne welches sie das, was übrig bleibt, nicht als das Alte oder gar etwas noch Besseres anerkennen können.

Auch „Offenbarung", wie sie noch ausgelegt werden kann, wenn sich einzelne größte und feste Hauptlehren derselben als ein Irrtum herausstellen und damit für alle anderen ihrer Lehren den Charakter der Unwandelbarkeit erschüttern, kann nicht mehr als ein so beseligender Menschheitsbesitz erscheinen, wie es die alte, echte Offenbarung war, die klare, bestimmte, unerschütterliche, von Gott selbst gegebene Wahrheit bot. „Offenbarung" besteht jetzt nur aus göttlichen Anregungen, die vom Menschen nach Maßgabe der von ihm erreichten Entwickelung seines Verständnisses aufgefaßt und, immerhin unter allgemeiner göttlicher Leitung, verändert, verbessert und weiter umgebildet werden. Denn das war doch wohl ausgeschlossen, daß eine feste und ausdrückliche Offenbarung Gottes vorlag, wenn sie sogleich von ihren Anfängen an von den Menschen mißverstanden und in eine falsche Bahn gelenkt wurde; eine beabsichtigte *fertige* Offenbarung hätte Gott vor solchem Schicksal verhüten müssen. Somit kann jetzt die Offenbarung nur als etwas Werdendes und jeder Zeit Unvollkommenes betrachtet werden. Das ist aber eine sehr schwere Zumutung für die, bei denen früher der alte Offenbarungsbegriff bestand. Hinsichtlich der weltlichen Erkenntnisse mag man sich mit Recht immer wieder auf Lessings fast zu Tode gerittenen Ausspruch von den beiden dargereichten Gotteshänden berufen, daß das Streben nach Wahrheit noch besser sei als die Wahrheit selbst, aber wenn dennoch auch überhaupt schon das Streben nicht um seiner selbst, sondern um des Zieles willen ist, so geht hinsichtlich der letzten religiösen Wahrheit das vernünftige und inbrünstige Verlangen der Menschenseele doch auf unwandelbaren Besitz, und würde ihr dieser geboten, so hätte sie mehr daran als von ihrem Anteil an der bis zu diesem Punkte des Weges gerade erreichten Erkenntnis. Der Mensch will wissen, wie er nun *wirklich* mit seinem Dasein daran ist, und so viele vorangegangene Geschlechter, die das auch wissen wollten, sich nun als darin verkürzt, wenn nicht gar betrogen zu denken, das ist eine drückende Vorstellung. Nein, davor kann man sich nicht verschließen, daß es die bessere, die beglückendere Form des Christentums ist, die durch die kosmische Einsicht in Not gerät, und daß diejenigen, die darüber beruhigen wollen, schon mit Verzicht auf den Besitz der ewigen Wahrheit durch die Zeiten gehen, welchen die Ueberzeugung des alten Glaubens als den Hort und Trost auf der so wie so so schweren Wanderung mit sich führte.

Diese Situation halte ich für die alte christliche Kirche durch das neue Bild des physischen Weltalls unabwendbar eingetreten: so wie es in ihrem Dogma gemeint war, kann es sich in Wirklichkeit nicht verhalten. Das Dogma, wobei hier immer an die Menschwerdung Gottes zur Erlösung der Menschen und alles, was mit diesem Mittelpunkt in innerem Zusammenhang steht, gedacht ist, gehört freilich unzweifelhaft noch gar nicht zum Urchristentum und ist auch in unseren neutestamentlichen Schriften, die ihrerseits schon weit über das Urchristentum hinausführen, erst im Keime vorhanden; es ist ferner, wenigstens in seiner Johanneischen Logos-Fassung, ganz sicher durch unkirchliche griechische Spekulation beeinflußt: aber dennoch ist es in dem, was das Christentum wirklich geworden ist, die Hauptsache, das Allerheiligste, der aus der Tiefe quillende eigentliche Born der dem Christentum eigenen religiösen Kräfte. Aus ihm erschauerten die tiefsten religiösen Empfindungen und nährten sich die besten Antriebe zur eigenen Heiligung und zur weltüberwindenden Umformung des natürlichen Lebens zu einem Leben aus Gott, des Reiches der Natur in ein Reich der Gnade oder Gottesreich. Wenn man den Inhalt des Dogmas nicht mehr für wahr, für wahr im Sinne der Unabhängigkeit von bloß subjektiver wahrhaftiger Spiegelung menschlichen Seelenbedürfnisses, halten kann, dann kann man die aus ihm fließenden religiösen Empfindungen nur noch sozusagen historisch, in Nachempfindung eines einstmals Gewesenen empfinden, die ernste Beeinflussung des Willens aber reißt sogar ganz ab, weil der Wille des letzten Ernstes des Glaubens bedarf und sich nicht mit einem bloßen Vorstellungsspiel betrügen läßt. Für die bloßen Empfindungen ist das kein Unglück, ja sie werden sogar in denen, die ihrer wirklich fähig sind und die sie in vollem Ernst kennen gelernt haben, nun noch ergreifender durch die Wehmut, sie als verloren in der Realität und nur noch in der Bildlichkeit besessen ansehen zu müssen. Aber für die Gesinnung, die darauf ausgehen muß, sich zu der wirklichen Wahrheit in ein vernunftvolles Verhältnis zu stellen, ist die theoretische Vernichtung des Urteils, daß das Dogma der wirklichen Wahrheit entspreche, ganz entscheidend: sie muß nach einer ganz neuen Grundlage für ihren Inhalt suchen. Das, was man theoretisch aufgegeben hat, wenigstens als „regulatives Prinzip“ zu erhalten zu suchen, würde ein sehr schwacher Ersatz für das Verlorene höchstens nur dann sein können, wenn auf die Möglichkeit, ein neues „konstitutives Prinzip“ zu gewinnen, ganz zu verzichten wäre. Allein das wäre doch eine ganz unnötige Bankerotterklärung des menschlichen Geistes. —

Von Heinrich Ewald erzählte man sich einst, daß, als er eine Broschüre gegen das Papsttum geschrieben, er geglaubt habe, jetzt werde der Papst sogleich von seinem Thron heruntersteigen. Dergleichen ist eine Selbsttäuschung im Grunde des Herzens bei allen denen, die von ihrer Sache überzeugt sind. Die Formel ist noch nicht entdeckt für die Bedingungen, wann große Wirkungen sogar unvermutet eintreten, und wann sie selbst trotz berechtigt scheinender Erwartungen unterbleiben. Eine Sache kann wissenschaftlich längst entschieden sein und doch noch in einem der Wissenschaft entgegengesetzten Sinn unbegrenzt fortdauern. Nach wissenschaftlichem Urteil ist mir kein Zweifel, daß die Religion im alten Sinne aus ihrer Konfrontation mit dem kosmischen Gedanken nicht unverletzt hervorgehen kann. Thatsächlich mag sie es, das hängt von unberechenbaren Zufälligkeiten ab: logischerweise ist es unmöglich. So müssen wir denn noch einen Blick darauf werfen, wie wir uns die Lage der Religion nach ihrer Auseinandersetzung mit dem kosmischen Gedanken vorzustellen haben.

Die Lehre der katholischen Kirche wird sich nicht im mindesten modifizieren. Wenn etwas einmal so sein soll, so weiß man Mittel und Wege aufzufinden, um den Schein aufrecht zu erhalten, daß es so sei, wie wir an Pohle's Verteidigung der Kirchenlehre gegen die Konsequenzen der von ihm zugegebenen Vielheit bewohnter Welten gesehen haben. Sunt haec ut disputantur wird äußersten Falles sogar auf Gedankenläufe ausgedehnt, die doch durch den Zusammenhang mit unleugbaren Thatsachen dem Belieben entrückt werden. Die katholische Kirche kann ihren Prinzipien zufolge, weil sie sich nämlich von jeher als die Trägerin einer ewigen, unwandelbaren und wahrhaftigen Offenbarung Gottes hingestellt hat, gar nicht anders, als jede Veränderung ihres Lehrbestandes ablehnen. Das sit ut est aut non sit der Jesuiten ist vollkommen verständlich. Daran läßt sich nun sogleich das geschichtliche Urteil knüpfen, daß die katholische Kirche sich allmählich mumifizieren und sowohl allmähliche Abbröckelung ihrer Anhänger erleben wie das Erlahmen ihrer Anziehungskraft gewärtigen muß. Denn wenn sie auch die Forschung in allen Gebieten, die nicht von ihrer festen und bestimmten Offenbarung umspannt werden, frei giebt, so wäre es doch eine Täuschung, zu glauben, daß damit dem legitimen Freiheitsbedürfnis des menschlichen Erkenntnistriebes Genüge geschehen sei. Diese Teilung der Gebiete zwischen dem Hinnehmen von seiten Gottes und Selbstfinden durch den Menschengeist hört sich zunächst freilich ganz annehmbar an. Aber durchführen ließe sie sich doch nur dann, wenn die menschliche Erkenntnis immer die Voraussetzung der geschehenen unwandelbaren Offenbarung über Glaube und Sitten bestätigte, oder wenn keine Zusammenhänge zwischen dem Inhalte des Glaubens und dem des Wissens stattfänden. In Wirklichkeit aber hat das menschliche Wissen, zum Teil jedenfalls auch reinen Herzens und ungewollt, viele und schwere Instanzen gegen die Lehrsätze der Offenbarung zu Tage gefördert, und in Wirklichkeit bestehen die Zusammenhänge zwischen Wissen und Glauben von solcher Art und Zahl, daß die Rückschlüsse von dem Gewußten auf das zu Glaubende ganz unvermeidlich sind und, wenn der Glaube als unbedingt festliegend angesehen wird, auch auf dem andern Gebiete die Freiheit überall in Fesseln geschlagen werden muß. Das Urteil, daß die katholische Kirche zur Mumie werden müsse, spreche ich übrigens für meine Person nicht mit der üblichen Gehässigkeit, sondern unter Bewahrung großer Hochachtung vor der Kirche, ja geradezu nicht ohne Bewegung und tiefe Wehmut aus. Viele Naturen mögen ihre Befriedigung darin finden oder, ohne scharfe Selbstbeobachtung und Selbstkritik, ihre Befriedigung darin zu finden sich einreden, daß sie nach Wahrheit nur immerfort streben und nach Maßgabe ihrer Kräfte und des Wissensstandes ihrer Zeit darin Fortschritte machen: in vielen anderen Naturen hinwiederum, und vielleicht eigentlich im Menschenwesen selbst, liegt das Bedürfnis, zu keiner Zeit von dem wesentlichen Inhalt der ewigen Wahrheit ausgeschlossen zu sein. Und während der Alleinherrschaft der katholischen Kirche im Abendlande schien sich die Menschheit auf die Stufe gekommen zu sein, die Wahrheit als ein Gottesgeschenk, das dennoch das Entgegenkommen der Vernunft kräftig in Anspruch nahm, zu besitzen. In diesem Gefühl aber ist das schwere Menschenleben ganz anders zu durchleben als in dem bloßen Suchen und in der Bescheidung, außerhalb des Besitzes späterer Geschlechter zu bleiben.

Führte man mich in der Wahrheit Haus —
Wahrhaftig, ich ginge nicht wieder heraus.

Goethe.

Nur die schmerzliche Einsicht, daß der Wunsch für die Erfüllung genommen wird, hielt selbst einen so reichen Geist wie Goethe zurück, in die dargebotene Hand, die ewige Wahrheit anbot, einzuschlagen. Denn zur Bethätigung des eigenen Forschungsdranges bliebe ja doch noch immer überreichlicher Spielraum, und ein Widerspruch zwischen dem Selbstgefundenen und dem von oben Offenbarten bliebe ja nicht zu fürchten, wenn man vollkommenes Vertrauen zu der Thatsache der bestimmten Offenbarung göttlicher Weisheit hätte fassen können. Innerhalb der katholischen Kirche herrscht ja aber dieses Vertrauen, und daß das Herz fest werde, das ist in ihr in einer brennende Sehnsucht erweckenden Weise dargeboten — für den Glauben, der das Dargebotene annehmen will. Wir draußen, die wir es so ruhig hinnehmen, daß sich Sandkorn nur an Sandkorn reiht, können uns schwer einen Begriff davon machen, welch ein beseligendes Besitztum die Fülle der Wahrheit, die man zu haben glaubt, sein muß, und wir vergessen auch, daß die Menschennatur eigentlich auf dieses Besitztum angelegt ist, sie, die sich immer in den Volksreligionen und -mythen die Deutung des Lebens zu beschaffen unbewußt bemüht hat, und deren Sehnsucht es ist, „zu ruhen in der seligen Sternennacht des Glaubens“. Auch der übliche Einwand, daß das ja sehr bequem sei, verschlägt nichts, weil der Unbequemlichkeiten des Lebens doch immer genug bleibt und weil man ja sonst in Wissenschaft, Kunst und Leben eingestandenermaßen und vernünftigerweise immer nach möglichster „Bequemlichkeit“ strebt. Oder wer sollte z. B. in der Mathematik mit den rohen und ungelichteten ersten Formeln operieren wollen, welcher Künstler nicht die willigsten Werkzeuge seiner geistigen Intentionen vorziehen, wer alle die Erfindungen verschmähen, die das Leben behaglicher machen? Und nun kommt hinzu, daß der Inhalt der kirchlichen Glaubens- und Sittenlehre gar vorzüglich das Menschenleben zu regeln und zu veredeln im stande ist. Man muß nur seine Blicke richten — nicht auf die Fälle, wo seltsamerweise die guten Früchte durch Menschenschuld ausbleiben, sondern auf die, welche dem Systeme gemäß sind. Da läßt sich wahrhaftig die feine und zarte Vollendung des sittlichen Lebens, die Kraft und Schönheit des inneren Menschen, welche der Glaube in Naturen, die sich ihm zur Ausgestaltung überlassen, zu wirken vermag, herzlich bewundern. Aber dennoch — daß es wirklich so sein könnte, wie es dieses Glaubenssystem lehrt, das schließt, wenn wir hier von anderen Gründen absehen, die Weltstellung der Erde aus, und die Unterordnung unter ein

Glaubenssystem ist nur dann möglich, wenn man es für wirklich wahr hält. —

Die evangelische Kirche kann bei ihrem Grundsatze der freien Forschung „in der Schrift" — eine absolut freie Forschung kann sie ja unmöglich zugeben — die Modifikation ihrer Lehre durch den kosmischen Gedanken immerhin ertragen, sofern die ökumenischen Bekenntnisse in der Schrift wenigstens noch nicht entfaltet, sondern nur im Keime enthalten sind. Aber auch nur insofern. Denn die drei ökumenischen Symbole lassen sich auf keine Weise mit der Erkenntnis des Bestandes des physischen Kosmos vereinigen. Ihrer Stellung zur heiligen Schrift, als der einzigen Quelle der Offenbarung, zufolge kann die evangelische Kirche allerdings auf die strikte Festhaltung des Geistes und der Einzelbestimmungen der drei ökumenischen Bekenntnisse verzichten. Aber sie kann es doch nur sehr schweren Herzens. Denn sie hat immer den Takt gehabt, die alleinige Grundlage der Bibel für ihren Glauben nicht so sehr zu urgieren, daß sie den Gedanken einer Zurückziehung des heiligen Geistes von seiner Leitung in alle Wahrheit nach dem Abschluß der biblischen Schriften für vernünftig hätte halten sollen. Diese zeitliche scharfe Begrenzung des Waltens des Gottesgeistes hat in sich selber gar nichts Einleuchtendes, und die katholische Lehre, daß er alle Tage bei der Kirche Gottes bleiben werde, hat so sehr das Urteil der Vernunft für sich, daß sie eigentlich doch auch in die Luthersche Erklärung des dritten Artikels übergegangen ist. Wenn einmal evangelisch Gläubige bei feierlicher Gelegenheit und in gehobenem Ton von ihrem „allerheiligsten Glauben" sprechen, so denken sie dabei doch immer mindestens an das Apostolikum. Der Edelstein muß ihnen herausgebrochen aus ihrem Schatze erscheinen, wenn sie nicht mehr die ältesten großen Glaubensformeln für die Eine heilige allgemeine Kirche anerkennen, sondern sich sozusagen auf den biblischen Rohstoff zukünftiger klarer Feststellungen des Glaubens zurückziehen sollen. Und doch muß sich die evangelische Kirche nach ihrem formalen Grundprinzip dazu überwinden können. Die äußerste Position nach rechts, nach den alten ökumenischen Symbolen zu, die sie in Zukunft wird einnehmen können, wird gegeben sein in dem Satze: „Gott war in Christo und versöhnte die Welt mit ihm selber". Das ist noch lange nicht das alte „Das Wort ward Fleisch", noch lange nicht die Menschwerdung Gottes. Aber diese wird dem kosmischen Gedanken gegenüber unmöglich, dagegen daß Gott in Christo gewesen sei, läßt sich ihm gegenüber sehr wohl denken, da ja nichts hindert, daß er dann auch noch in vielen anderen, Christo entsprechenden Personen auf anderen Planeten des Weltalls gewesen sei, sein oder fürderhin sein könne. Doch ist von dem Standpunkt unbefangener Erwägung des mit dem wahren physischen Weltbilde gegebenen Materials einzugestehen, daß diese Position nicht aus ihm heraus ergriffen wird, sondern aus dem Verlangen, nach Möglichkeit das Alte zu retten. In der Neu-Orientierung wird man sich sagen, daß man auf solche Festsetzung innigster Sonderbeziehungen Gottes zu der vernünftigen Bewohnerschaft eines einzigen Planeten einer einzigen Sonne nicht verfallen sein würde, wenn man immer im Besitze der Anschauung der Größe des Kosmos gewesen wäre. Es ist etwas anderes, in dem Gewähren der Denkfreiheit für andere es diesen zu überlassen, wie sie glauben, zweierlei Inhalte mit einander vereinigen zn können, etwas anderes, zu dieser Vereinigung auch selbst bereit zu sein. Von der Seite her, die ihre Besonderheit in dem hohen Grade des Ergriffenseins durch den kosmischen Gedanken hat, wird schwerlich jemand auch nur so weit nach rechts hin dem alten Glauben entgegenkommen können.

An diese äußerste Position wird sich anschließen diejenige, die etwa durch die beiden Sprüche beherrscht wird: „Trachtet am ersten nach dem Reiche Gottes und nach seiner Gerechtigkeit" und „Was hülfe es dem Menschen, wenn er die ganze Welt gewänne und nähme doch Schaden an seiner Seele". In der That läßt sich auf diesen beiden Säulen ein ganzes System praktischer Religiosität errichtet denken, die den segensreichsten Einfluß üben könnte. Seine Schwäche würde nur die letzte theoretische Begründung dessen sein, was eine gewisse Gefühlsweise, die eben in jenen beiden Sätzen ihren Ausdruck findet, aus sich mit Inbrunst einfach vorwegnimmt. Warum soll man das Leben, welches allen Ernst den geistigen Gütern zuwendet, nun eben „Reich Gottes" nennen? Und klingt die Warnung vor dem Schadennehmen an der Seele nicht stark nach der Einschüchterung mit dem jenseitigen

Gericht, dessen zukünftige Wirklichkeit doch wieder einen starken Glauben verlangt? Aber wie dem auch sei, als Gegengewicht gegen die unheimliche Macht, welche die Gier nach weltlichen Gütern und Ehren gewonnen hat, ist die jenen beiden Aussprüchen Jesu entsprechende Gesinnung gewiß von dem äußersten Wert. Insbesondere könnte sie dem friedlichen Zusammenleben der Völker die trefflichste Stütze bieten durch Anerziehung an die jüngere Generation aller gebildeten Völker, welche seit 1866 eine so erschreckende Wendung zu dem genommen hat, was ich oft die „Verkorpsburschschlichung der Nationen" genannt habe. Wenn die Liebe zur Gerechtigkeit und die Hochschätzung der inneren Güter der Persönlichkeit mit Ueberzeugung die Seelen durchdränge und als Lebensstandarte hochgehalten würde, dann könnte sowohl die Trefflichkeit der einzelnen auf das erfreulichste sich heben, als auch das soziale wie das internationale Zusammenleben der Menschen die ersprießlichste und erquicklichste Beeinflussung erfahren. Denn daß die gegenseitige Achtung jetzt im letzten Grunde als durch die Zahl und Güte der Streiter, der Kanonen und der Schiffe, später vielleicht auch der Luftballons und unterirdischen Gewaltmittel bedingt angesehen wird, ist eigentlich, wenn man sich ganz ehrlich darüber besinnt, ein trauriger und unwürdiger Zustand zwischen Mensch und Mensch.

Es könnte scheinen, als ob durch alles Obige jetzt das Zeitalter der Herrschaft des liberalen Protestantismus eingeläutet werden sollte. Denn unter allen Bedrängnissen, die das alte Christentum aus dem kosmischen Gedanken treffen, hat er ja nicht im mindesten zu leiden, der so wie so das alte Dogma nur noch geschichtlich behandelt; der aus dem kosmischen Gedanken sogar noch reichlich Wasser auf die Mühle seiner Lieblingsplätze von der Größe und Majestät Gottes in der Schöpfung und der Erhabenheit seiner Weltregierung erhält und endlich die oben angeführten beiden Hauptstellen aus dem Schatze der Herrenworte sich sehr wohl als Grundlage seiner eigenen Gesinnung aneignen kann. Dennoch wird der Leser längst bemerkt haben, daß hier keineswegs in dem Sinne geschrieben ist, dem liberalen Protestantismus die Ueberlegenheit über den alten Glauben zu vindizieren. Er ist freilich im stande, sich mit der modernen Erkenntnis einigermaßen zu vermitteln und auszusöhnen, was der alte Glaube nicht ist, aber er ist dazu erst im stande auf Kosten der religiösen Tiefe und das Gemüt durchschauernden Eigenart des alten Glaubens. Er soll nur ja alles versuchen, was er in unserer der Religiosität so über die Maßen bedürftigen Zeit aus sich heraus vermag, aber er kann sich dabei die besonderen Schwierigkeiten nicht verhehlen, die gerade ihm wieder erwachsen. Nämlich er will doch die Kontinuität mit dem Christentum festhalten, zu voller Freiheit kann er sich nicht entschließen, und so setzt er sich leicht zwischen zwei Stühle. Er wird doch den Glauben an die Leitung der menschlichen Geschichte durch die göttliche Vorsehung nicht aufgeben wollen, und dabei muß er sich die harte Zumutung machen, es für möglich, ja für wirklich zu halten, daß die Gottesgabe der christlichen Erleuchtung anderthalb Jahrtausende durch menschliche Schuld verdunkelt wäre. Denn von dem Anbeginn der Ueberleitung des Urchristentums Christi in die Bahnen kirchlicher Dogmenbildung muß er eine Abirrung von dem göttlichen Wege annehmen. Und im Verhältnis zur christlichen Ueberlieferung, inklusive der Schrift selbst, stellt er sich über dieselbe, nicht unter sie. Es soll ihm damit kein Vorwurf gemacht werden, denn das ist einmal die Konsequenz des Prinzipes der freien Forschung, und dies Prinzip ist längst unanfechtbar geworden; aber wo soll da die Grenzlinie zu finden sein? Er erkennt an, was vor seinem Richterstuhl bestehen kann, d. h. dem Richterstuhl der menschlichen Vernunft, wie er sie handhabt; er verwirft, was diesem Richterstuhl nicht genügt. Da muß doch das Eingeständnis nicht fernliegen, daß er dessen eigentlich gar nicht bedürfe, was so wie so unter ihm steht, daß er ganz frei vorgehen könne. In der That giebt es geistvoll liberal-protestantische Predigten, wie z. B. eines deutschen Pfarrers Schultze in Bukarest, oder erbauliche Betrachtungen, wie z. B. des Bremer Pfarrers Sonntag, die von Berufungen auf Goethe und Schiller einen ebenso starken Gebrauch machen wie von solchen auf die heilige Schrift. Das mag ja alles frei sein, denn der Geist weht, wo er will, aber wenn das alles sich noch für christlich ausgiebt, kann da die Ehrlichkeit bestehen? Will man einmal frei sein, so muß man eingestehen, daß das zu Ergebnissen führen kann, welche über die Schranken einer bestimmten Benennung, die man sich doch wieder gesetzt hat, weit hinausgehen.

In der That ist die gegenwärtige Notlage der Religion noch weit ärger, als sie sich in der bisherigen Schilderung herausgestellt hat. Die Religion ist von vielen Seiten her erschüttert, und das Schlimmste ist, daß das Interesse daran fehlt, diesen Notstand anzuerkennen. Es sieht ganz danach aus, als ob die Menschen sich von irreligiösen Sorgen ganz ausfüllen ließen, daß sie glaubten, auch ohne Religion auskommen zu können. Der Kampf mit der Not ist das eine, was die Mehrzahl ganz gefangen nimmt; die verhältnismäßig wenigen aber, die diesen Kampf siegreich hinter sich haben, finden ein solches Wohlgefallen in dem Fortschreiten an Lebensgenuß, Ehren und Besitz, daß sie darüber an dem inneren Menschen keine Lücke empfinden. Die Gier nach dem Haben ist aus dem Grunde die schlimmste, weil der Maßstab dafür, das Geld, für jeden kleinen Unterschied nach oben oder unten absolut empfindlich ist und daher auch empfindlich macht. So kann der größte Notstand der inneren Güter thatsächlich bestehen, ohne sehr gemerkt zu werden. Könnten die religiösen Dinge einmal unter den Brennpunkt der allgemeinen Teilnahme gelangen, dann würde schon so viel intellektuelle Kraft vorhanden sein, um in Verbindung mit der dann erst geweckten Gemütskraft eine Umwandlung zum besseren hervorzurufen. Heinrich Heine spricht einmal aus, was jeder Kenner der geschichtlichen Zeiten empfinden muß: daß „im Mittelalter alle Manifestationen des Lebens aufs wunderbarste mit einander harmonierten" (Werke, Bd. VI, S. 33). Das Gegenteil davon ist heute in einem Maße der Fall, daß man oft darüber erschaudern möchte. Der Grund liegt darin, daß eine Einheit des religiösen Geistes nicht mehr vorhanden ist. Und auch ein Geist anderer Art ist doch nicht allen Parteien gemeinsam, z. B. der nationale, oder, soweit er doch gemeinsam ist, giebt er doch keinen letzten und untersten Grund und Boden von Ueberzeugungen her. Der nationale Geist als solcher hat zum Inhalt die Wohlfahrt, die Ehre, die Macht, die Kultur der Nation, der jeder angehört, als Ziel des Strebens und als Quelle einer ein ganzes Menschenleben ausfüllenden Begeisterung und Thätigkeit. Aber das Dasein der Nationen, oder vorher noch das Dasein der Menschheit und dann die Form ihrer nationalen Differenzierung, der Egoismus der Völker und seine Berechtigung, der Bestand der Nationen trotz des Auftauchens und Verschwindens der einzelnen Menschen von der Lebensbühne, die Möglichkeit für den einzelnen, seine schmerzliche Vergänglichkeit zu überwinden und für ein Ganzes zu leben, dem er selbst nur in der Spanne Zeit zwischen seiner Geburt und seinem Tode angehört, — dies alles setzt er unbesehens voraus und hat mithin für sich keine wahrhaft philosophische Lebensansicht, in deren vom Anfang bis zum Ende reichenden Weiten er den Sonderinhalt seines eigenen kleinen Ausschnittes aus dem Gesamtsein einordnete. Solche Universalität ist nur dem philosophischen oder dem religiösen Geiste eigen. An diesem fehlt es aber so sehr, daß es, von hier aus gesehen, ein Schmerz ist, in unserer Zeit zu leben. Wenn das dagegen der nationale Geist für eine Lust erklärt hat, so hat er damit ungewollt das Geständnis abgelegt, wie wenig es ihm in die Tiefe zu gehen ein Bedürfnis ist.

Es ist dem christlichen Geiste wahrlich nicht zu verdenken, daß er alle Anstrengung macht, das ganze Volk wieder für sich zu gewinnen. Gelänge ihm das, so hätten wir wieder das unvergleichliche ideale Gut der Einheit aller „Lebensmanifestationen". Aber den einen seiner gewaltigen Feinde haben wir schon ausführlich in dem kosmischen Gedanken enthüllt. Es giebt ihrer noch manche andere, denn die große Geistesschlacht wird auf sehr weitem Umkreise geschlagen, zu dem diese Schrift ihrer besonderen Aufgabe zufolge nur auf einem ganz bestimmten Punkte ihre Stellung einnehmen konnte. Ich würde versuchen, hier noch mit der Skizzierung des Gesamtschlachtfeldes abzuschließen, wenn ich darin mich nicht selbst abschreiben müßte. In der „Umschau über unseren religiösen Horizont" (Berlin, Fr. Stahn, 2. Ausg. 1892) Seite 27—45 habe ich diese Aufgabe bereits zu erfüllen gesucht, und seit den wenigen Jahren hat sich das Bild des Schlachtfeldes doch nicht wesentlich verändert. Ich erhebe daher die nach meinen Erfahrungen freilich vermutlich vergebliche Bitte, daß man doch nicht versäumen wolle, jenes dort in elf Gruppen entrollte Bild einmal seiner eindringlichen Aufmerksamkeit zu würdigen. Auch die dortigen Schlußbetrachtungen von S. 45—71 entsprechen noch heute so ganz dem, was ich angesichts der im wesentlichen schon lange andauernden Konstellation über unserem religiösen Horizont meinerseits als mein wohlerwogenstes Votum für die bestmögliche Fahrt unter einen besseren Himmel abzugeben wüßte, daß ich mich nicht noch einmal mit anderen Worten darüber wiederholen mag.

Wir leben in Wahrheit in einer furchtbaren Krise, in lang hingezogenen Leidenszuständen, von den man oft schlecht unterscheiden mag, was Todesschauer und was Geburtswehen sind. Wenn es nur darauf ankommt, daß wir nach dem Maßstabe äußerer Macht und natürlicher Kräfte eine große und herrschende Nation unter den Völkern der Erde werden, so sind wir dazu ja auf dem besten Wege und in einem großen Aufschwunge begriffen. Aber wenn wir dieses Ziel unter Verzicht auf die tiefste Erkenntnis des Sinnes und Zweckes der Welt, der göttlichen Gedanken, für die alles Natürliche nur Stoff, Gelegenheit und Ansatz ihrer Verwirklichung ist, und auf die idealste Regelung des Lebens aus solcher Erkenntnis heraus anstreben, so würden wir unsere Seele verkaufen und den alten Edelstein unseres Deutschtums wegwerfen. Nach dem Inhalt der durch einander wogenden Weltanschauungen hat die christliche den Adel der höchsten ethischen Weihe vor den meisten anderen voraus, sie, die das Leben im Sinne und nach dem Herzen eines als absolut vollkommen gedachten Gottes als das höchste, beste und zu sich verpflichtende Leben aufstellt; in der Begründung ihrer realistischen Wahrheit und dem Einklang mit dem wirklich gegebenen Weltbilde hat sie ihre Schwäche, und haben andere ihre Stärke. Es hilft nichts, des menschlichen Wissens ist so viel und eine solche Macht geworden, daß nicht mehr geglaubt werden kann, was sich mit dem Wissen nicht wahr und wahrhaftig vereinigen läßt. Kann das Wissen aber seinem Wesen nach einen so ungeheuren Anspruch erheben, so hat es auch die Pflicht, seinen Gewißheitsgrad überall sorgfältig zu prüfen und nicht seinerseits wieder Glauben zu verlangen an Gespinnste, die es aus geheimen Neigungen heraus zusammenwebt. Rationelle Wahrscheinlichkeiten sind aber dabei als legitime Hilfsmächte an den Seiten des eigentlichen Wissens zuzulassen. Alles Höchste des Menschenwesens ist dabei auf alle Fälle zu retten. Es kommt nur darauf an, daß in lauterer Theorie die Elemente des Menschenwesens nach ihrer Würde von den Tiefen bis zu den Höhen durchmessen werden. Die Natur erweist sich als gleichgültig und fühllos gegen die Gesichtspunkte, die dem Menschen die höchsten sein müssen: Krankheit und Unglücksfälle treffen und vernichten Menschenglück ohne Ahnung davon, was Glück ist und daß es sich muß behaupten wollen, sie treffen und vernichten nur in Gemäßheit ihrer naturgesetzlichen Einwirkung auf die körperlichen Moleküle. Der Glaube erträgt nicht den Gedanken, daß die Natur die letzte Instanz sein könnte, und füllt die Leere der Erfahrung durch Wesenheiten aus, die in unsichtbaren Abschnitten zukünftiger Wirklichkeit alles Unglück noch zum besten wenden, es von Anfang an als Mittel zum besten gebrauchen wollen, oder er mutet in anderer Form den Menschen zu, daß sie sich der ewigen Notwendigkeit in Verehrung unterwerfen sollen, selbst wo sie sich gegen ihr eigenes Wohl kehrt, oder in noch anderer Form, zu glauben, daß zu höheren und wichtigeren als den menschlichen Zwecken selbst alles Menschenleid ein unvermeidliches Zwischenglied war. Aber selbst wenn die reine Theorie nichts anderes Letztes finden sollte als eine blinde Natur oder eine eherne Notwendigkeit oder eine gegen Menschenwohl unempfindliche Weltteleologie, so würde doch der Menschengeist sich für den Kreis seiner Angelegenheiten für selbstherrlich erklären, die Natur, so weit sie wider ihn steht, zu bekämpfen mit Macht fortfahren und seine eigenen Ideale, möchten sie auch in einer noch höheren kosmischen Instanz keinen Widerhall finden, auf eigenes Recht hin hochhalten, fördern und zur Verwirklichung zu bringen bestrebt sein. Und wenn die Liebe Gottes an einem neuen Gottesbegriff scheitern sollte, so wird sie als Liebe zur Idee der menschlichen Vollkommenheit fortleben; und wenn die Menschheit auch in keinem höheren Auftrage sich fühlen und wenn keine höhere Instanz in oder über dem Universum darum wissen sollte, wie so denn diese Menschheit zu diesen wunderbaren Weiten und Höhen und Tiefen ihrer Innenwelt gekommen wäre, so würde sie in ihrem eigenen Auftrage fortfahren, immerdar im Drange des Besseren diese Innenwelt zu gestalten; und wenn auch das Größere denn sie, wie andererseits das Kleinere, sicherlich auf vielen anderen Erden Raum hat, so wird sie die Kräfte des Geistes ihres Gestirnes ausleben; und wenn sie etwa ewige Dauer sowohl für den einzelnen Menschen wie auch für das ganze Geschlecht nicht mehr in Anspruch nehmen würde, so wird doch jeder einzelne Tag ihres Gesamtlebens tausend Millionen Tagen eines Einzellebens gleich sein und ein für ihre Unersättlichkeit immerhin genügend großes Tagewerk bieten.

Eines aber muß uns jetzt als das allerdringlichste und allerwürdigste Ziel vorschweben, daß wir über alle äußere Einigkeit hinaus zu einer großen, geistigen Einigkeit gelangten, für deren Schattierung durch die Vielheit des Geistes **innerhalb der großen umschließenden Einigkeit** schon von selbst immer gesorgt sein wird.

FSC
www.fsc.org
MIX
Papier | Fördert gute Waldnutzung
FSC® C083411

Kolibri 360 GmbH
Ferdinand-Jühlke-Straße 7
99095 Erfurt, Deutschland
produktsicherheit@kolibri360.de